矿山流体机械的操作与维护

（第2版）

黄文建　主　编

彭　敏　副主编

郭卫凡　主　审

重庆大学出版社

内 容 简 介

本书是国家示范性高等职业院校重点建设专业——机电一体化技术专业核心课程,全书共分4个学习情景,以煤矿流体机械为研究对象,对煤矿广泛使用的排水设备、通风设备、压气设备、瓦斯抽放设备进行了介绍,除了系统地介绍各设备的作用、组成部分、工作原理外,还着重阐述了设备的操作、调节、日常维护和故障分析处理方法,每一学习情景中包含有多个工作任务,其内容及难度主要根据煤炭生产企业对基层技术管理人员能力需求来确定。

本书特别适合煤矿高等职业技术教育相关专业以及成人大专、订单式培养单招班的教学之用,也可供煤矿工程技术人员参考。

图书在版编目(CIP)数据

矿山流体机械的操作与维护/黄文建主编. --2版
. --重庆:重庆大学出版社,2019.7
机电一体化技术专业及专业群教材
ISBN 978-7-5624-5134-1

Ⅰ.①矿… Ⅱ.①黄… Ⅲ.①矿山机械—流体机械—
操作—高等学校—教材②矿山机械—流体机械—机械维修
—高等学校—教材 Ⅳ.①TD44

中国版本图书馆 CIP 数据核字(2019)第 141335 号

矿山流体机械的操作与维护

(第 2 版)

黄文建 主 编
彭 敏 副主编
郭卫凡 主 审

责任编辑:周 立 版式设计:周 立
责任校对:夏 宇 责任印制:张 策

*

重庆大学出版社出版发行
出版人:饶帮华
社址:重庆市沙坪坝区大学城西路21号
邮编:401331
电话:(023)88617190 88617185(中小学)
传真:(023)88617186 88617166
网址:http://www.cqup.com.cn
邮箱:fxk@cqup.com.cn(营销中心)
全国新华书店经销
重庆紫石东南印务有限公司印刷

*

开本:787mm×1092mm 1/16 印张:11.75 字数:293 千
2019 年 7 月第 2 版 2019 年 7 月第 5 次印刷
ISBN 978-7-5624-5134-1 定价:29.80 元

编写委员会

编委会主任 张亚杭

编委会副主任 李海燕

编委会委员 唐继红 黄福盛 吴再生 李天和 游普元 韩治华 陈光海 宁望辅 粟俊江 冯明伟 兰玲 庞成

序

　　本套系列教材,是重庆工程职业技术学院国家示范高职院校专业建设的系列成果之一。根据《教育部 财政部关于实施国家示范性高等职业院校建设计划 加快高等职业教育改革与发展的意见》(教高[2006]14 号)和《教育部关于全面提高高等职业教育教学质量的若干意见》(教高[2006]16 号)文件精神,重庆工程职业技术学院以专业建设大力推进"校企合作、工学结合"的人才培养模式改革,在重构以能力为本位的课程体系的基础上,配套建设了重点建设专业和专业群的系列教材。

　　本套系列教材主要包括重庆工程职业技术学院五个重点建设专业及专业群的核心课程教材,涵盖了煤矿开采技术、工程测量技术、机电一体化技术、建筑工程技术和计算机网络技术专业及专业群的最新改革成果。系列教材的主要特色是:与行业企业密切合作,制定了突出专业职业能力培养的课程标准,课程教材反映了行业新规范、新方法和新工艺;教材的编写打破了传统的学科体系教材编写模式,以工作过程为导向系统设计课程的内容,融"教、学、做"为一体,体现了高职教育"工学结合"的特色,对高职院校专业课程改革进行了有益尝试。

　　我们希望这套系列教材的出版,能够推动高职院校的课程改革,为高职专业建设工作作出我们的贡献。

重庆工程职业技术学院示范建设教材编写委员会

2009 年 10 月

前 言

  本书是由重庆工程职业技术学院根据教育部建设国家级示范性高职的要求,按照"双证融通,产学合作"人才培养模式改革的要求,组织编写的一本理论实践一体化教材。教材将新开发的矿山机电类大学生职业技能鉴定标准的相关技能考核项目融入其中,有利于真正达到"一教双证"的目的。

  在教材编写过程中,根据煤矿流体机械操作与维护这一典型工作任务对知识和技能的需要,对该课程的内容选择作了根本性改革,打破以知识传授为主要特征的传统学科课程模式,以完成典型工作任务为教学目标,根据煤矿机电技术员岗位的相关工作过程和所需知识技能的深度及广度来组织编写,选用构成矿山排水、通风、压气、瓦斯抽放系统所需要的水泵、通风机、空压机、真空泵等为载体,选择与煤矿机电技术员岗位密切相关的操作、维护、故障处理等任务来构建设计基于工作过程的学习情景。通过利用多媒体课件、情景模拟、任务考核和课后拓展作业等多种手段,帮助学生尽快掌握本课程中各种设备的使用、维护技能,完成从外行到内行的角色转换。

  本书由重庆工程职业技术学院的黄文建任主编,彭敏任副主编,郭卫凡任主审。

  本书在编写过程中,得到了煤炭科学研究总院重庆煤科分院的黄强、中梁山煤电气有限公司的杨毕君、重庆松藻煤电有限责任公司的张金贵等的大力支持,他们给教材编写提供了大量参考资料并提出了很多宝贵意见,编者在此一并表示感谢。

  由于编者水平有限,书中难免有疏误和不足,恳请广大读者批评指正。

编　者

2009 年 7 月

目录

情境一
排水设备的操作与维护

任务一　排水设备的操作

知识点：
◆排水设备的作用及组成
◆排水设备的工作原理
技能点：
◆排水设备的启动、停止

 任务描述

　　由于煤矿一般都在地表以下的深处，所以在煤矿的建设和生产中，不断有各种来源的水涌入矿井。涌入矿井的水统称为矿水，其主要来源有大气降水、地表渗透水、含水层水、断层水、工作中灭尘的水等，对于水力采煤和水砂填充的矿井，还包括水力采煤和水砂填充后产生的废水。

　　矿井排水设备的作用就是将这些矿水及时排到地面，为井下生产创造良好的工作环境，保证入井人员的安全和井下机械、电气设备的良好运转。

　　排水设备是煤矿大型固定设备之一。根据统计，每开采 1 t 煤，一般要排出 2 ~ 7 t 的矿水，有些甚至要排出多达 30 ~ 40 t 的矿水。排水设备的电动机功率，小的几千瓦或几十千瓦，大的几百千瓦或上千千瓦。如果排水设备不能正常运转，将直接影响井下生产的进行，甚至造成淹没矿井的重大事故。因此《煤矿安全规程》对排水设备的布置、操作、运行、维护等都作了严格的规定。

 **任务分析**

　　为了掌握矿井排水设备的操作方法，必须先了解矿井排水设备的组成及工作原理。

1. 矿井排水设备的组成

矿井排水设备分为固定式和移动式两类。固定式排水设备安装在泵房内，负责把全矿或某一水平的矿水排至地面；移动式排水设备一般用于下山掘进工作面、井底水窝或淹没巷道的排水，它可以随水位的下降而移动。

固定式排水设备一般由离心式水泵1、电动机2、启动设备3、吸水管4、排水管7、阀门、仪表等组成，如图1.1所示。

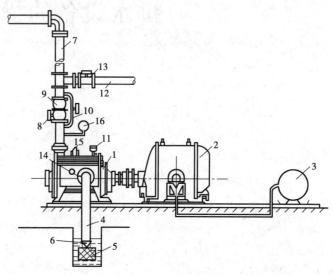

图 1.1　排水设备示意图

1—离心式水泵；2—电动机；3—启动设备；4—吸水管；5—滤水器；6—底阀；7—排水管；
8—调节闸阀；9—逆止阀；10—旁通管；11—灌引水漏斗；12—放水管；13—放水闸阀；
14—真空表；15—放气栓；16—压力表

各组成部件的作用如下：

启动设备是供电控制装置，给电动机提供电能。电动机是驱动装置，它驱动离心式水泵运转。离心式水泵是排水设备，它将电动机输入的能量转换成水的能量，完成排水的任务。

滤水器安装在吸水管末端，其作用是防止将水中的杂质吸入泵内。滤水器中装有底阀，以防止灌引水时或水泵停止运转后，泵内和吸水管中的水漏掉。

闸板阀安装在排水管上。其作用是：启动水泵时，关闭闸板阀，以便降低启动电流；在水泵运行中用来辅助调节水泵的流量；停止水泵时，关闭闸板阀，以防止出现水击现象，保护水泵不受水力冲击。

逆止阀安装在闸板阀的上方。其作用是：在水泵运行中由于突然停电而停止运转时，或在未关闭闸板阀而停泵时，防止排水管路中的水对泵体及管路系统造成水力冲击。

旁通管跨接在逆止阀和闸板阀的两端，若排水管中有水，可通过它向泵和吸水管内灌引水。

灌水漏斗用于水泵启动前向泵内灌引水，此时应打开放气栓将泵内空气放掉。

放水闸阀用于在检修水泵和排水管路时，可通过放水管将排水管路中的水放回到吸水井中。

压力表和真空表分别用来检测排水管中的压力和吸水管中的真空度，通过仪表指示值可知水泵工作状态是否正常。

2. 离心式水泵的组成及工作原理

我国煤矿使用的水泵有离心式、往复式及喷射式(射水泵)几种,其中最常用的是离心式水泵。往复式和射水泵多用于局部排水或排送泥浆。

图1.2为一单吸单级离心式水泵的示意图。其主要组成部件有叶轮1,其上有一定数量的叶片2,叶轮固定在泵轴3上,泵轴3通过轴承支撑在泵壳4上,泵壳内部为一蜗壳形扩散室,泵壳外部在水平方向开有吸水口,垂直方向开有排水口,分别与吸水管、排水管连接。

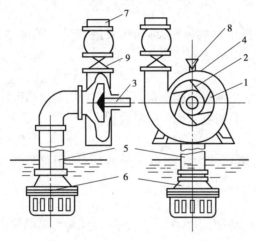

图1.2　单吸单级离心式水泵示意图

1—叶轮;2—叶片;3—轴;4—外壳;5—吸水管;

6—滤水器底阀;7—排水管;8—漏斗;9—闸板阀

水泵启动前,应先用水注满泵腔和吸水管,以排除空气。当电动机启动后,叶轮即随泵轴旋转,位于叶轮中的水在离心力的作用下被甩出叶轮,经泵壳内部蜗壳形扩散室从排水口流出。此时,叶轮中心进水口处由于水被甩出而形成局部真空,吸水井中的水在大气压作用下,经滤水器、底阀、吸水管进入水泵,填补叶轮中心的真空。叶轮连续旋转,水被不断地甩出、吸入、甩出,形成连续不断的水流。

 相关知识

1. 水击现象

前面讲到水泵排水管上安装的闸板阀和逆止阀都有保护水泵免受水力冲击的作用。那么,什么是水力冲击和水击现象呢?

在压力管道中,由于液体流速的急剧改变,从而造成瞬时压力显著、反复、迅速变化的现象,称为水击(也称水锤)现象。

引起水击现象的根本原因是:当压力管道的阀门突然关闭或开启时,当水泵突然停止或启动时,因瞬时流速发生急剧变化,引起液体动量迅速改变,而使压力显著变化。

水击现象发生时,压力升高值可能为正常压力的好多倍,使管壁材料承受很大应力;压力的反复变化,会引起管道和设备的振动,严重时会造成管道、管道附件及设备的损坏。

消除或减轻水击危害的基本方法有:

1）缓慢开启或关闭阀门；

2）尽量缩短阀件与容器间的管道长度；

3）设置逆止阀进行保护；

4）装设安全阀或蓄能器吸收冲击压力。

2. 离心式水泵的性能参数

在离心式水泵的铭牌上，厂家提供了该水泵的一些性能参数，方便用户选用。它们的名称及意义如下：

1）流量

水泵在单位时间内所排出水的体积，称为水泵的流量。用符号 Q 表示，单位为 m^3/s 或 m^3/h。

2）扬程

单位重量的水通过水泵后所获得的能量，称为水泵的扬程。用符号 H 表示，单位为 m。

上述两个参数是选择水泵时要考虑的主要数据。

3）功率

水泵在单位时间内所做功的大小叫做水泵的功率，用符号 P 表示，单位为 kW。它又分为：

（1）水泵的轴功率

电动机传递给水泵轴的功率，即水泵的轴功率，也就是水泵的输入功率，用符号 P_z 表示。

（2）水泵的有效功率

水泵实际传递给水的功率，即水泵的有效功率（输出功率），用符号 P_x 表示。

$$P_x = \frac{\rho g Q H}{1\ 000} \tag{1.1}$$

式中　ρ——矿水密度，一般取（$1\ 015 \sim 1\ 025$）kg/m^3；

$\quad Q$——水泵的流量，m^3/s；

$\quad H$——水泵的扬程，m。

4）转速

水泵轴每分钟的转速，叫做水泵的转速，用符号 n 表示，单位为 r/min。矿用离心式水泵都是用电动机直接拖动的，故常用的额定转速有 $1\ 480$ r/min 和 $2\ 950$ r/min 两种。

水泵的轴功率和转速这两个参数是选择配套电动机的主要数据。

5）效率

水泵的有效功率与轴功率之比，叫做水泵的效率，用符号 η 表示。

$$\eta = \frac{P_x}{P_z} = \frac{\rho g Q H}{1\ 000 P_z} \tag{1.2}$$

6）允许吸上真空度或必需汽蚀余量

在保证水泵不发生汽蚀的情况下，水泵吸水口处所允许的真空度，叫做水泵的允许吸上真空度，用符号 H_s 表示，单位为 m。它是用来限制水泵吸水（安装）高度的参数。

必需汽蚀余量是指：流体由泵吸入口流至叶轮中压力最低处的压力降低值，用符号 NPSHr 表示，单位为 m。也是用来限制水泵吸水（安装）高度的参数（见任务二）。

以前我国使用允许吸上真空度，现在都采用必需汽蚀余量。

以上性能参数均由厂家提供。例如，D280—43×3 型水泵的额定工作参数为 $Q = 288$ m^3/h, $H = 122.4$ m, $P_z = 120$ kW, $\eta = 0.8$, $n = 1\,480$ r/min, $H_s = 5.7$ m。

例1.1　已知一水泵的总扬程为 100 m, 流量为 8×10^{-3} m^3/s。求该水泵的有效功率。如果泵的总效率 $\eta = 0.6$, 该泵的轴功率 P_z 是多少?

解　水泵的有效功率 P_x 为

$$P_x = \frac{\rho g Q H}{1\,000} = 1\,020 \times 9.8 \times 8 \times 10^{-3} \times \frac{100}{1\,000} = 8 \text{ kW}$$

水泵的轴功率 P_z 为

$$P_z = \frac{P_x}{\eta} = \frac{8}{0.6} = 13.3 \text{ kW}$$

 任务实施

(一)离心式水泵的启动

1.启动前的检查

启动水泵以前, 应先清除机器附近有碍运转的物件, 检查基础螺栓及所有连接部分的紧固情况; 检查填料压盖的松紧程度; 检查轴承情况并加足润滑油, 然后用手转动联轴器, 判断水泵有无卡阻现象。

2.灌注引水

关闭排水管上的闸阀, 关闭真空表和压力表的旋塞, 防止因启动时真空、压力增大而损坏仪表。打开泵壳上的放气螺塞, 向泵腔和吸水管内灌注引水并排尽腔内空气, 直至放气螺塞处冒水为止。为使泵腔内空气排尽, 灌水时应用手转动联轴器。然后关闭放气螺塞, 开始启动水泵。

向泵内注水是水泵启动前的必要环节。如水泵在未灌注引水或灌注引水不够的情况下启动, 即使水泵达到了额定转速, 也会因泵腔内存有空气而无法产生将水吸入泵内的真空度而吸不上水。严重时, 在无水情况下, 填料箱中的填料与泵轴长时间摩擦, 有可能发生热胶合事故。

关闭闸阀启动水泵的原因是: 离心式水泵在零流量时消耗的轴功率最小, 这样可降低电动机的启动电流。但水泵也不能长时间在零流量情况下运转, 否则会强烈发热, 一般空转时间不应超过 3 min。

3.启动水泵

按下启动设备上的启动按钮, 电动机通电带动水泵旋转, 当水泵达到额定转速后, 打开真空表和压力表的旋塞, 观察示值是否正常, 若示值正常即可逐渐将闸阀打开, 使水泵进入正常运转。然后再将启动设备上的开关转到运行位置上。

在打开闸阀过程中, 压力表的示值随着闸阀开度的增大而减小, 电流表的示值也逐渐减小, 真空表的示值却是增大, 最后都稳定在相应的示值上。

在启动过程中, 应密切注意仪表的指示, 泵的声响和振动, 轴承的温度等。如有明显的异常情况, 应立即停止启动, 查明原因排除故障后才能再次启动。

（二）离心式水泵的停止

1. 关闭闸阀

停泵时,应先逐渐关闭排水管上的闸阀,使水泵进入空转状态;而后关闭真空表及压力表的旋塞;再按停电按钮。

2. 停电

按停电按钮,停止电动机,再切断电源刀闸。

3. 放水

停机后,如水泵在短期内不工作,为避免锈蚀和冻裂,应将水泵内的水放空。若水泵长期停用,则应对水泵施以油封;同时应定期使电动机空运转,以防受潮。空转时,应将联轴器分开,让电动机单独运转。

 **任务考评**

考评内容及评分标准见表1.1。

表1.1 考评内容及评分标准

序 号	考核内容	考核项目	配 分	评分标准	得 分
1	排水设备的作用及组成	排水设备的作用 排水设备的组成	20	错一大项扣10分 错一小项扣2分	
2	离心式水泵的组成及工作原理	离心式水泵的组成 离心式水泵的工作原理	20	错一大项扣10分 错一小项扣2分	
3	离心式水泵的性能参数	认识铭牌上的性能参数,能说明其意义	10	错一项扣2分	
4	离心式水泵的操作	离心式水泵的启动 离心式水泵的停止	40	按步骤错一项扣5分	
5	遵章守纪,文明操作	遵章守纪,文明操作	10	错一项扣5分	
合计					

复习思考题

1. 矿水的来源有哪些?

2. 排水设备的组成部分有哪些,各有什么作用?

3. 简述离心式水泵的工作原理。

4. 离心式水泵的性能参数有哪些?

5.离心式水泵如何启动、停止？

任务二　排水设备的运行与调节

知识点：

◆离心式水泵性能曲线的用途

◆比例定律的应用

◆管路特性曲线的确定方法

◆工况点的确定方法

◆汽蚀现象和吸水高度的确定方法

技能点：

◆离心式水泵的正常运行

◆离心式水泵的调节方法

 任务描述

由任务一的学习可知，矿井排水设备在煤矿生产中起着非常重要的作用，所以必须全天候的正常运转，并且要求能随矿井涌水量的变化及时调节。因此必须先学习掌握离心式水泵的性能曲线、管路特性曲线，以及两者之间的关系，和两条曲线对离心式水泵工作的影响，然后才能理解掌握离心式水泵的正常运行和调节方法，以便今后在工作中正确地运用这些方法。

 任务分析

1.离心式水泵的性能曲线

由离心式水泵的工作原理知道，水在旋转叶轮的作用下获得了能量，经理论分析推导，在不考虑任何能量损失的情况下，有以下关系式：

$$H_L = \frac{u_2 C_2 \cos \alpha_2 - u_1 C_1 \cos \alpha_1}{g} = \frac{u_2 C_{2u} - u_1 C_{1u}}{g} \qquad (1.3)$$

式中　H_L——离心式水泵的理论压头，m；

u_2, u_1——分别为叶轮出口和进口处的圆周速度，m/s；

c_2, c_1——分别为叶轮出口和进口处的绝对速度，m/s；

α_2, α_1——分别为叶轮出口和进口处的叶片角度；

c_{2u}, c_{1u}——分别为叶轮出口和进口处的扭曲速度，m/s。

该式即为离心式水泵的理论压头方程式，它说明了单位重量的水经过水泵后获得的能量与叶轮的圆周速度 u_2, u_1 有关，还与叶片弯曲的角度 α_1, α_2 有关。在实际工作中，因叶片弯曲的角度 α_1, α_2 无法改变，我们就通过改变叶轮的圆周速度 u_2, u_1 来使水获得更大的能量（见比例定律）。

上述理论压头方程式在分析推导时没有考虑水流与叶轮之间的各种阻力损失，所以常用于理论分析，而在生产中常用到离心式水泵的实际性能曲线，它由厂家提供，如图1.3所示。

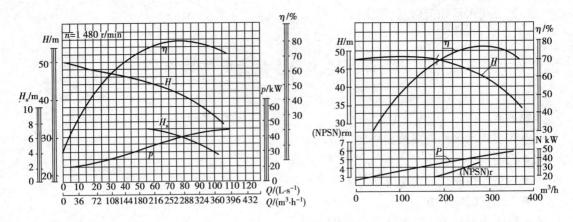

图 1.3 离心式水泵的性能曲线

离心式水泵的实际性能曲线包括扬程曲线 H(即实际压头曲线),轴功率曲线 P,效率曲线 η,允许吸上真空度曲线 H_s 或必需汽蚀余量曲线 NPSHr。这些曲线表示了单级水泵在额定转速下,上述性能参数随流量 Q 变化的关系。**如果是多级水泵则需将对应流量下的扬程 H 和轴功率 P 值乘以级数。**

从特性曲线中可以看出:当流量 Q = 0 时,轴功率最小,所以离心式水泵要在完全关闭闸板阀的情况下启动。

当流量 Q = 0 时,扬程 H 最大,一般称之为零流量扬程,用符号 H_o 表示。随着流量的增加,水流与叶轮间的损失也随之增加,故扬程 H 逐渐减小。

当水泵的流量和额定流量相吻合时,冲击损失为零,效率最高。所以效率曲线中有一个峰值。**水泵铭牌上的性能参数就是效率最高时的参数。**

允许吸上真空度曲线 H_s 反映了水泵抗汽蚀能力的大小。它是生产厂家通过汽蚀实验并考虑 0.3 m 的安全余量后得到的。一般来说,水泵的允许吸上真空度是随着流量的增加而减小的。即水泵的流量越大,它所具有的抗汽蚀能力就越小。H_s 值是合理确定水泵吸水高度的重要参数(现在都用必需汽蚀余量 NPSHr 来表示)。

2. 比例定律

由水泵的相似理论分析知,对同一水泵,当转速改变时,在相应工况下,其流量之比等于转速之比,扬程之比等于转速之比的平方,功率之比等于转速之比的立方。这 3 个关系式就是水泵的比例定律。

即

$$\frac{Q}{Q'} = \frac{n}{n'} \tag{1.4}$$

$$\frac{H}{H'} = \left(\frac{n}{n'}\right)^2 \tag{1.5}$$

$$\frac{P_z}{P'_z} = \left(\frac{n}{n'}\right)^3 \tag{1.6}$$

式中 Q,H,P——转速为 n 时的流量、扬程、功率;

Q',H',P'——转速为 n' 时的流量、扬程、功率。

利用比例定律,可以通过改变水泵的转速来改变其性能参数,从而扩大其使用范围,满足生产的需要。

例 1.2　已知某水泵当 $n = 2\ 950$ r/min 时,其流量 $Q = 45$ m³/h,扬程 $H = 70$ m,轴功率 $P_z = 15$ kW。若将其转速改变为 $n' = 1\ 480$ r/min,求此时该水泵的流量、扬程和功率各为多少?

解　由式(1.4)得

$$Q' = Q \times \frac{n'}{n} = 45 \times \frac{1\ 480}{2\ 950} = 22.58 \text{ m}^3/\text{h}$$

由式(1.5)得

$$H' = H \left(\frac{n'}{n} \right)^2 = 70 \times \left(\frac{1\ 480}{2\ 950} \right)^2 = 17.62 \text{ m}$$

由式(1.6)得

$$P'_z = P_z \left(\frac{n'}{n} \right)^3 = 15 \times \left(\frac{1\ 480}{2\ 950} \right)^3 = 1.89 \text{ kW}$$

改变转速后,水泵性能曲线中的扬程曲线 H' 将平行上、下移动,功率曲线将改变其陡峭程度,如图 1.4 所示。

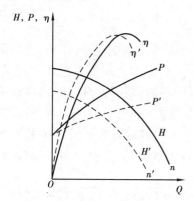

图 1.4　改变水泵转速的特性曲线

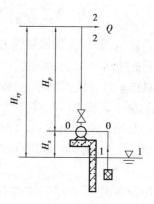

图 1.5　排水设备简图

3. 管路特性曲线

上面分析了单位重量的水通过水泵后获得的能量,那么这些能量用到哪儿去了呢? 下面通过图 1.5 所示的一台水泵与一条管路构成的排水设备简图来进行分析说明。

由图 1.5 可知,水泵将流量为 Q 的水从水面 1-1 处输送到高度为 H_{sy} 的出口 2-2 处,并以一定的速度流出。

因此,水通过水泵获得的能量一是用来克服水的重力,使其上升到 H_{sy} 的高度(实际扬程),即转为了水的重力势能;二是用来推动水在管路里以一定的流速 v_p 流动,即转为了水的动能;三是用来克服水与管路之间的流动阻力 h_w。这三部分加在一起,就是排水所需要的能量。

即

$$H = H_{sy} + \frac{v_p^2}{2g} + h_w$$

$$= (H_x + H_p) + \frac{v_p^2}{2g} + (h_x + h_p) \tag{1.7}$$

式中　H_x, H_p——分别为吸水扬程和排水扬程,二者之和为实际扬程,均为已知,m;

$v_p^2/2g$——单位重量水的动能,可通过 $v_p = 4Q/\pi d^2$ 计算求得,m;

h_x, h_p——分别为吸水管阻力和排水管阻力，m。

由流体力学知：

$$h_x + h_p = \left(\sum \xi_x + \lambda_x \frac{L_x}{d_x} \right) \times \frac{v_x^2}{2g} + \left(\sum \xi_p + \lambda_p \frac{L_p}{d_p} \right) \times \frac{v_p^2}{2g} \tag{1.8}$$

式中　ξ_x, ξ_p——分别为吸水管和排水管的局部阻力系数，可查表1.2或手册获得；

　　　λ_x, λ_p——分别为吸水管和排水管的沿程阻力系数，可查表1.2或手册获得；

　　　L_x, L_p——分别为吸水管和排水管的直线段长度，m；

　　　d_x, d_p——分别为吸水管和排水管的直径，m。

将式(1.8)代入式(1.7)并整理后得到排水所需要的能量为：

$$H = H_{sy} + RQ^2 \tag{1.9}$$

式中　Q——管路中的流量，$\mathrm{m^3/s}$；

　　　R——管路阻力损失系数，$\mathrm{s^2/m^5}$。

$$R = \frac{8}{\pi^2 g} \left[\left(\frac{\sum \xi_x}{d_x^4} + \lambda_x \frac{L_x}{d_x^5} \right) + \left(\frac{\sum \xi_p}{d_p^4} + 1 \right) + \lambda_p \frac{L_p}{d_p^5} \right] \tag{1.10}$$

公式(1.9)即为**管路特性方程式**。它表达了通过管路的流量与所需能量(压头)之间的关系。从式中可看出，所需能量(压头)H取决于实际扬程H_{sy}、管路阻力损失系数R和流量Q。对于具体矿井来说，其实际扬程H_{sy}是确定的，因而当流量一定时，所需能量(压头)H取决于R，即取决于管长、管径、管壁状况以及管路附件的种类及数量。而当管路一定时，所需能量(压头)H则取决于流量Q。将公式(1.9)代入不同的流量Q，得到对应的不同的H，将其画在Q-H坐标图上，则为一条顶点在纵坐标轴上H_{sy}处的二次抛物线，称其为管路特性曲线，如图1.6所示。

应该指出：式(1.10)中的各种系数与几何尺寸都是针对新管道的。对于管壁挂垢使管径缩小的旧管道，管路阻力系数应乘以1.7，即

$$H = H_{sy} + 1.7RQ^2 \tag{1.11}$$

4. 工况点的确定方法

水泵是和管路连接在一起工作的，水泵的流量就是管路中的流量，水泵提供的扬程就是水流经管路时的总压头消耗。所以，如果把水泵特性曲线和管路特性曲线按同一比例画在同一坐标图上，所得的交点M就是水泵的工作点，称为工况点，如图1.7所示。M点所对应的参数称为工况参数，如$Q_M, H_M, \eta_M, P_M, H_{sM}$或$\mathrm{NPSH}_{rM}$。

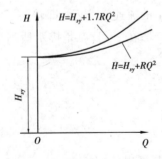

图1.6　排水管路特性曲线

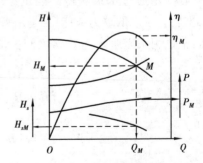

图1.7　水泵的工况点

　　图 1.7 说明,当一台确定的水泵和一条确定的管路连接在一起工作时,就有一个确定的工况点 M,在工况点 M,水泵提供给水的能量正好等于水在管路中流动所需的能量,故水泵能够正常地工作。

表 1.2　局部阻力系数表

(1)管子进口无扩大 $\zeta = 0.5$	(2)管子进口有喇叭口 $\zeta = 0.1 \sim 0.2$	(3)无底阀滤网 $\zeta = 2 \sim 3$
(4)有底阀滤网 $\zeta = 5 \sim 8$	(5)逆止阀 $\zeta = 1.7$	(6)90°弯头 $\zeta = 0.2 \sim 0.3$
(7)45°弯头 $\zeta = 0.1 \sim 0.15$	(8)渐细接管 $\zeta = 0.1$	(9)渐粗接管 $\zeta = 0.25$
(10)直流三通 $\zeta = 0.1$	(11)曲流三通 $\zeta = 2.0$	(12)分流三通 $\zeta = 1.5$
(13)闸阀 $\zeta = 0.1$	(14)Y 形管 $\zeta = 1.0$	(15)出口 $\zeta = 1.0$

 相关知识

1.什么是汽蚀现象

　　目前,我国煤矿的排水设备大部分是安装在吸水井水面以上的泵房地面,在这种情况下,水泵吸水口处压强必须低于大气压一定的值(即真空度)才能将水吸入,如图 1.8 所示。

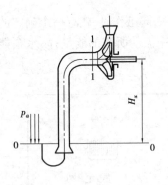

图 1.8　离心泵吸水管路简图

此时,大气压绝对压强 p_a 与水泵吸水口处绝对压强 p_1 的差值(真空度)即为动力,它一方面使水上升一定的高度 H_x(吸水高度);另一方面推动水在吸水管内流动;同时还要克服水流与吸水管之间的流动阻力 h_x。于是有:

$$\frac{p_a}{\rho g} - \frac{p_1}{\rho g} = H_x + \frac{v_x^2}{2g} + h_x \qquad (1.12)$$

亦即

$$\frac{p_1}{\rho g} = \frac{p_a}{\rho g} - H_x - \frac{v_x^2}{2g} - h_x \qquad (1.13)$$

当水泵的吸水高度 H_x 过高、吸水流速 v_x 过大、吸水管阻力 h_x 过大时,泵进水口处的绝对压力 p_1 将减小。如果 p_1 减小到当时水温下的汽化压力 p_n(即饱和蒸汽压)时,水就开始汽化。溶解在水中的气体从水中逸出,从而形成许多蒸汽与逸出气体相混合的小气泡。这些小气泡随水流进入高压区时,气泡破裂,周围液体迅速填充原气泡空穴,由于气泡破裂时间很短,所以形成高达几百兆帕的水力冲击。气泡不断地形成与破裂,巨大的水力冲击以每分钟几万次的频率反复作用在叶轮上,时间一长,就会使叶轮的表面逐渐因疲劳而剥落,通常称之为剥蚀;同时,气泡中还夹杂有一些活泼气体(如氧气),对金属起化学腐蚀作用;另外,气泡形成与破裂过程中,会使过流部件两端产生温度差异,其冷端与热端形成电偶而产生电位差,从而使金属表面发生电解作用(即电化学作用),金属的光滑层因电解而逐渐变得粗糙。金属表面粗糙度被破坏后,更加速了机械剥蚀。在机械剥蚀、化学腐蚀和电化学的共同作用下,金属表面很快出现蜂窝状的麻点,并逐渐形成空洞而损坏。这种现象称之为汽蚀。

发生汽蚀时,水泵内会发出噪音和振动,同时因水流中有大量气泡,破坏了水流的连续性,阻塞流道,增大流动阻力,使水泵的流量、扬程、功率、效率明显下降。随着汽蚀程度的加剧,气泡大量产生,最后造成断流。因此,决不允许水泵在汽蚀情况下运行。

2. 不发生汽蚀的条件及水泵吸水高度的确定

由上述分析可知,发生汽蚀的根本原因是水泵吸水口的绝对压力 p_1 降低到当时水温下的汽化压力 p_n(即饱和蒸汽压)。因此,要保证水泵不发生汽蚀,就必须保证水泵吸水口的绝对压力 p_1 大于当时水温下的汽化压力 p_n(即饱和蒸汽压),即 $p_1 > p_n$。根据式(1.13)有:

$$\frac{p_n}{\rho g} < \frac{p_1}{\rho g} = \frac{p_a}{\rho g} - H_x - \frac{v_x^2}{2g} - h_x$$

整理后得

$$H_x < \frac{p_a}{\rho g} - \frac{p_n}{\rho g} - \frac{v_x^2}{2g} - h_x \qquad (1.14)$$

式中　H_x——泵的吸水高度,m。

由式(1.14)可看出,泵的吸水高度 H_x 是受到一定限制的,理论上 H_x 的最大值为 10.33 m,但实际上由于汽化压力 p_n 的存在,再扣除管路上的损失,最后就只有几米了。

老型号的泵,反映其抗汽蚀性能的参数是**允许吸上真空度 H_s**。它是由水泵生产厂家在清水、水温为 20 ℃、大气压为 1.013×10^5 N/m^2、水泵转速 1 480 r/min 的条件下,通过实验测出的水泵吸水口不发生汽蚀时所允许的最大真空度 $p_a/\rho g - p_n/\rho g$,再考虑 0.3 m 的安全余量得来的。即

$$H_s = \frac{p_a}{\rho g} - \frac{p_n}{\rho g} - 0.3 \qquad (1.15)$$

将允许吸上真空度 H_s 替换 (1.14) 中的 $p_a/\rho g - p_n/\rho g$ 得到水泵的允许最大吸水高度为:

$$H_{xm} < H_s - \frac{v_x^2}{2g} - h_x \qquad (1.16)$$

应当指出的是: H_s 与水泵使用地点的大气压力及水的温度有关。水的温度越高,水泵越容易发生汽蚀;海拔高度越高,大气压力越低,水泵越容易发生汽蚀。不同海拔高度时的大气压力和不同温度时的饱和蒸汽压力可从表1.3和表1.4中查得。当水泵使用地点的大气压力及水的温度与实验条件不同时,应对水泵性能曲线上查得的 H_s 值按下式进行修正。

$$[H_s] = H_s - \left(10 - \frac{p_a}{\rho g}\right) + \left(0.24 - \frac{p_n}{\rho g}\right) \qquad (1.17)$$

式中　$[H_s]$——修正后的允许吸上真空度,m;

　　　　H_s——水泵性能曲线上查得的允许吸上真空度,m;

　　　　$p_a/\rho g$——水泵使用地点的大气压力,m(见表1.3);

　　　　$p_n/\rho g$——工作水温下水的饱和蒸汽压力,m(见表1.4);

　　　　0.24——水温为20 ℃时水的饱和蒸汽压力,m;

表 1.3　不同海拔高度的大气压力　　　　　单位:mH₂O

海拔高度	−600	0	100	200	300	400	500
大气压 $p_a/\rho g$	11.3	10.3	10.2	10.1	10.0	9.8	9.7
海拔高度	600	700	800	900	1 000	1 500	2 000
大气压 $p_a/\rho g$	9.6	9.5	9.4	9.3	9.2	8.6	8.1

表 1.4　水在不同温度下的饱和蒸汽压力　　　　　单位:mH₂O

温度/℃	0	20	30	40	50	60	70	80	90	100
饱和蒸汽压力 $p_n/\rho g$	0.06	0.24	0.43	0.75	1.25	2.02	3.17	4.82	7.14	10.33

由此可得到**保证水泵不发生汽蚀的合理吸水高度** H_x 为:

$$H_x < [H_s] - \frac{v_x^2}{2g} - h_x \qquad (1.18)$$

由式可知:降低 v_x 和 h_x 可增加吸水高度 H_x,故吸水管应尽量少安装附件,应尽量直,管径应大些为好,所以水泵的吸水口直径都做得大些。

新型号的泵,反映其抗汽蚀性能的参数是必需汽蚀余量 NPSH_r。

必需汽蚀余量是指:流体由泵吸入口流至叶轮中压力最低处所必需的压力降低值。它与泵的结构有关,由制造厂家根据实验测得,并提供在水泵性能参数和性能曲线中,用 NPSH_r 表示。

即　　　　　　　　　　　$$\mathrm{NPSH}_r = \frac{\Delta p}{\rho g} \qquad (1.19)$$

式中　$\Delta p/\rho g$——流体由泵吸入口流至叶轮中压力最低处所必需的压力降低值。

有效汽蚀余量是指：在泵吸入口处单位重量液体所具有的超过汽化压力的富余能量，是可利用的汽蚀余量。它与泵的使用安装方式有关，用 NPSHa 表示。

即
$$NPSH_a = \frac{p_1}{\rho g} + \frac{v_x^2}{2g} - \frac{p_n}{\rho g} = \frac{p_a}{\rho g} - \frac{p_n}{\rho g} - H_x - h_x \tag{1.20}$$

若要确保水泵在运行中不发生汽蚀，则应满足下列条件：
$$NPSH_a \geqslant NPSH_r \tag{1.21}$$

即
$$\frac{p_a}{\rho g} - \frac{p_n}{\rho g} - H_x - h_x \geqslant NPSH_r \tag{1.22}$$

由式(1.22)可得保证水泵不发生汽蚀的合理吸水高度 H_x 为：
$$\frac{p_a}{\rho g} - \frac{p_n}{\rho g} - h_x - NPSH_r \geqslant H_x \tag{1.23}$$

例 1.3 有一台 20Sh—13 型离心式清水泵，其吸入管径 $d_x = 500$ mm，产品样本给出的允许吸上真空高度 $H_s = 4$ m。已知吸入管长度 $L_x = 6$ m，局部阻力系数之和 $\sum\xi = 0.89$，沿程阻力系数 $\lambda = 0.03$，问：在流量 $Q = 0.56$ m³/s，吸水高度 $H_x = 3$ m 时，泵能否正常工作？（设水温为 25 ℃，当地海拔高度为 500 m）

解 (1)由题目知泵的使用条件和试验条件不同，允许吸上真空高度 H_s 须进行修正。查表 1.3 和表 1.4 得

$$p_a/\rho g = 9.7 \text{ m}, p_n/\rho g = 0.34 \text{ m}$$

代入式(1.17)计算得

$$[H_s] = H_s - \left(10 - \frac{p_a}{\rho g}\right) + \left(0.24 - \frac{p_n}{\rho g}\right)$$

$$= 4 - (10 - 9.7) + (0.24 - 0.34) = 3.6 \text{ m}$$

(2)求流速 v_x

$$v_x = \frac{4Q}{\pi d^2} = \frac{4 \times 0.56}{3.14 \times 0.5^2} = 2.85 \text{ m/s}$$

(3)求吸水管阻力损失 h_x

由式(1.8)得
$$h_x = \left(\sum\xi_x + \lambda_x \times \frac{L_x}{d_x}\right) \times \frac{v_x^2}{2g}$$

$$= \left(0.89 + 0.03 \times \frac{6}{0.5}\right) \times \frac{2.85^2}{2 \times 9.81}$$

$$= 1.25 \times \frac{8.12}{19.62} = 0.51 \text{ m}$$

(4)求吸水高度 H_x

由式(1.18) 得 $H_x < [H_s] - \frac{v_x^2}{2g} - h_x = 3.6 - \frac{8.12}{19.62} - 0.51 = 2.68$ m

答 由计算求得吸水高度为 2.68 m 以下，小于题目的 3 m，故该泵不能正常工作。

例 1.4 若上题给出的不是允许吸上真空高度 H_s，而是必须汽蚀余量 $NPSH_r = 6.16$ m，其余条件相同，求泵的吸水高度为多少？

解 由式(1.23)得

$$H_x \leqslant \frac{p_a}{\rho g} - \frac{p_n}{\rho g} - h_x - \text{NPSH}_r = 9.7 - 0.34 - 0.51 - 6.16 = 2.69 \text{ m}$$

由上述两例可看出,使用允许吸上真空度 H_s 和必须汽蚀余量 NPSH_r 计算出的结果是一样的。

3. 保持水泵正常吸水的措施

影响水泵正常吸水的因素很多,有泵本身的,也有管路系统的,因此应区别对待,采取不同的措施。

1)保持水泵吸水性能的措施

水泵第一级叶轮的几何形状和尺寸,对吸水性能有重要影响。在使用过程中,由于入口磨损将导致吸水性能恶化,因此,应尽量澄清矿水以减少磨损。自行配置叶轮时,注意不要改变入口部分的形状和尺寸。另外,由于填料密封不严而使空气进入吸水段,也会影响吸水性能。

2)保持良好的吸水条件

保持良好的吸水条件,主要是降低吸水阻力,以增大水泵的安全区和节省电能。其方法有以下几种:

(1)采用无底阀排水

据测定,吸水管路的阻力约70%来源于底阀,因此采用无底阀排水就成了降低吸水管路阻力的一项重要措施。**所谓无底阀排水**,就是取消吸水管端滤水器上的底阀,在水泵启动时,利用喷射泵或其他装置排除水泵内和吸水管内的空气,使水泵自动注满引水,然后启动水泵。

取消底阀后,常用的注水方法有下列几种:

①设置专用封闭水箱注水

设置专用封闭水箱使泵经常处于注满水的状态,水箱布置在吸水管路上,箱体高出水泵,水箱与泵布置如图1.9所示。第一次使用时,要打开水箱顶部的闸阀2,用漏斗1将水灌入水箱3,待灌到与伸入水箱的水泵进水管口齐平后,关闭闸阀2,此时即可启动水泵。水泵启动后,水箱中的水位下降,水箱上部形成真空,吸水井与水箱内形成压差,使得吸水井中的水沿着吸水管不断地进入水箱,然后进入水泵,形成连续的水流。停泵后,水泵不再从水箱中吸水,箱中水位上升,最后恢复到吸水管顶部管口高度为止。以后可随时启动水泵,不需要再进行充水。

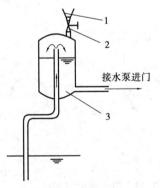

图1.9　设置专用封闭水箱
1—漏斗;2—闸阀;3—水箱

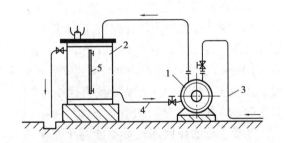

图1.10　用真空泵注水的系统图
1—真空泵;2—水气分离器;3—来自水泵的抽气管;
4—循环水管;5—水位指示玻璃管

15

为了顺利启动水泵,水箱的有效容积应不小于 3 倍的泵腔容积。由于水箱要占泵房面积,容积大且笨重,又要求严格密封,所以此法多用于小型水泵。

②利用真空泵注水

水环式真空泵是最常用的一种,其注水系统如图 1.10 所示。真空泵转动后,即可把泵腔和吸水管内的空气抽出,形成真空,泵腔与吸水面形成压差,水就进入水泵腔。此法抽气速度快,可很快使泵注满水,而且不受压力水源的限制,常用于大型水泵的注水。

③使用喷射泵注水

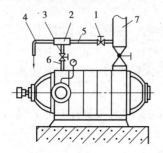

图 1.11　用喷射泵注水示意图
1—高压阀门;2—混合室;3—低压阀门;
4—喷嘴;5—水源管;6—吸管;7—主排水管

图 1.11 是采用喷射泵实现无底阀排水的示意图。其原理如下:位于水泵主排水管 7 中的高压水,由水源管 5 经收缩式喷嘴 4 流出,其压力能转变为速度能,使水具有很大的运动速度,从而在喷嘴的出口处形成真空,于是水泵内和吸水管中的空气被抽出,吸水井内的水在大气压力作用下,通过无底阀的滤网,沿吸水管吸入泵内,从而达到向水泵灌注引水的目的。因喷射泵无运动构件,结构简单,体积小,所以在排水管中有压力水或有压缩空气的场所得到了广泛的应用。图 1.12 是 QSP 型喷射泵的结构图。

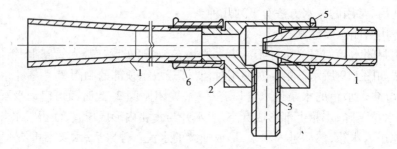

图 1.12　QSP 型喷射泵
1—喷嘴;2—壳体;3—进气管;4—混合扩散室;5—圆螺母;6—管接头

(2)正确安装吸水管

安装吸水管时,必须注意以下几点:

①正确确定吸水高度,以避免发生汽蚀;

②尽量减少各种附件,同时在吸水管靠近水泵入口处安装一段不小于 3 倍直径的直管,以使水流在水泵入口处的速度均匀。需要安装异径管时,应使用长度等于或大于大小头直径差的 7 倍,且为偏心的直角异径管,如图 1.13(a)。

③吸水管的任何部位都不能高于水泵的入口,以避免吸水管中存留空气。否则吸水时,这些存气将随周围水的压力降低而膨胀,使吸水困难或中断。如图 1.13(b)所示。

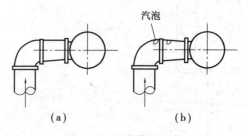

图 1.13　吸水管的安装
(a)正确安装;(b)错误安装

3）升压泵充水

利用升压泵充水，是解决水泵吸水能力过低的可靠方法。如图 1.14 所示，升压泵装在吸水管上与主泵串联工作。它的叶轮位于泵的最下端并沉没于水面下，故无须事先充水。启动水泵之前，先启动升压泵，而后再启动主泵，两者一直处于串联方式工作。由于升压泵将水压入主泵内，因而不会出现吸水管上漏气而不能吸上水的问题。

4）采用高水位排水

所谓高水位排水，就是在保证安全（不会淹泵）的前提下，提高水仓和吸水井中的水位，减少吸水扬程，达到减小吸水阻力的目的。但这种方法，对雨季涌水量大的矿井不宜使用。

任务实施

（一）离心式水泵的运行

离心式水泵投入运行后，应定期监测并记录各仪表的指示，监听机器运转的声音、振动，检查平衡盘压差及泵轴的轴向位移，轴承润滑及密封装置的工作情况。发现不正常的情况时，应查明原因，及时处理，避免事态的扩大。当出现以下紧急情况时，应立即停机检查。

（1）用听棒倾听水泵内（各级泵室、轴承、轴封）有明显的摩擦声和碰撞声，并伴随外部发热时。

（2）检查轴承的润滑状态，油量、油质是否合格，油流情况是否正常。一般规定轴承温度最高不得超过 70 ℃，或轴承温升不得超过 40 ℃，否则应立即停机。

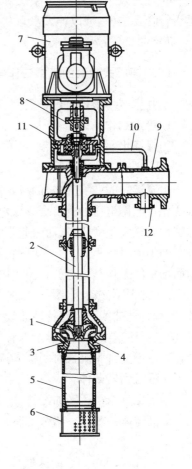

图 1.14　升压泵结构图
1—叶轮；2—主轴；3—疏流罩；
4—进水短管；5—进水管；6—滤网；
7—电动机；8—联轴器；9—出水管；
10—水管；11—支承；12—接口

（3）定期检查轴封工作情况，当密封水断流、轴封外壳发热且触摸发烫以及轴封漏水严重，又不能及时处理时，应立即停机。

运行中的注意事项：

1）注意电压、电流的变化。当电流超过额定电流，电压超过额定电压的 ±5％ 时，应停止水泵，检查原因，进行处理。

2）检查各部轴承温度是否超限（滑动轴承不得超过 65 ℃，滚动轴承不得超过 75 ℃）；检查电动机温度是否超过铭牌规定值；检查轴承润滑情况是否良好（油量是否合适，油环转动是否灵活）。

3）检查各部螺栓及防松装置是否完整齐全，有无松动。

4）注意各部音响及振动情况，特别注意有无汽蚀产生的噪声。

5）检查填料密封情况，填料箱温度和平衡装置回水管的水量是否正常。

6）注意观察压力表、真空表和吸水井水位的变化情况；检查底阀或滤水器伸入水下深度是否符合要求（一般以伸入水下 0.5 m 为宜）。

7）按时填写运行记录。

（二）离心式水泵的正常工作条件

矿井生产要求排水设备安全、可靠、经济地工作。为此，水泵必须满足下列工作条件。

1. 稳定工作条件

为保证水泵稳定工作，水泵的零流量扬程 H_o 与实际扬程 H_{sy} 之间应满足下列关系：

$$H_{sy} \leq 0.9 H_o \qquad (1.24)$$

水泵运转时，对于确定的排水系统，管路特性曲线基本上是不变的。但是，电网电压则常常变化。电网电压的升降会导致电动机转速的改变。由比例定律知，转速的改变将使泵的扬程特性曲线发生变化，从而引起水泵工况变化，如图 1.15 所示。当水泵在正常转速下运转时，水泵的零流量扬程 H_o 大于实际扬程 H_{sy}，水泵的扬程曲线与管路特性曲线只有一个工况点 1，因而水泵的工作是稳定的。但当电网电压下降，泵的转速由 n 变化为 n' 时，则工况点有 2 和 3 两个，扬程上下波动，水量忽大忽小，因此水泵工作是不稳定的。当泵转速进一步下降到 n'' 时，扬程特性曲线和管路特性曲线无相交点，即无工况点，则水泵的流量为零，效率亦为零。这时，电动机输送给水的能量全部转换为热能，使泵内水的温度迅速上升而引起水泵强烈发热、损坏。故不允许水泵长时间在零流量下运转。

2. 经济运转条件

为了保证水泵运转的经济性，必须使水泵在高效区工作，通常规定运行工况点的效率不得低于最高效率的 85% ~ 90%，即：

$$\eta_M \geq (0.85 \sim 0.9) \eta_{max} \qquad (1.25)$$

根据式（1.25）划定的区域称为工业利用区，如图 1.16 所示斜线部分的区域。

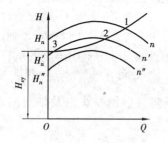

图 1.15 泵工作不稳定的情况

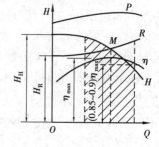

图 1.16 水泵的工业利用区

3. 不发生汽蚀的条件

由式（1.21）知，为保证水泵不发生汽蚀，离心泵装置的有效汽蚀余量应大于泵的必需汽蚀余量。泵的吸水高度必须小于由式（1.23）求出的合理吸水高度。

总之，要保证水泵正常工作，所确定的工况点必须同时满足稳定工作条件、经济工作条件和不发生汽蚀的条件。

（三）离心式水泵的调节

当离心式水泵在工作过程中,由于外界情况(如电压、电源频率、涌水量、管路特性等)的变化,使得其工况点发生变化而不能满足上述三个条件时,就需要对其工况点进行调节。调节的目的有两个,一是使水泵的工况点满足上述三个条件;二是使水泵的流量和扬程满足实际工作的需要。

因工况点是由水泵的扬程特性曲线与管路特性曲线的交点决定的,所以要改变工况点,可以采用改变管路特性或水泵扬程特性的方法来实现。

1. 改变管路特性曲线调节法

1)闸门节流法

在排水管路上一般都装有调节闸阀,适当关闭闸阀的开启度,可增加局部阻力,使管路的阻力损失系数增大,管路特性曲线变陡,如图 1.17 所示,泵的工况点就沿着扬程曲线朝流量减小的方向移动。闸门关得越小,局部阻力损失越大,流量就变得越小。这种通过改变闸阀开度来改变水泵工况点位置的方法,称为闸门节流法。闸门关小时存在下面关系:

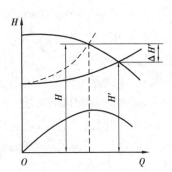

$$H = H' + \Delta H' \qquad (1.26)$$

式中　H'——调节前的扬程;

　　　$\Delta H'$——关小闸阀引起的水头损失,它的数值由闸阀的开启度确定。

图 1.17　闸门节流调节法

由此可知,水泵需额外增加一部分能量用于克服由闸阀关小所增加的局部阻力损失。

如果调节前泵的工况点位置在水泵的最高效率点或最高效率点的左边,则关小闸阀不仅增大了管路的阻力,而且使水泵的效率下降,显然,这是不经济的。如果调节前泵的工况点位于最高效率点的右边,关小闸阀虽然增大了管路阻力,却使水泵的效率提高了。然而,水泵效率的增加不足以补偿管路阻力的损失,所以也是不经济的。这种调节方法虽简便易行,但不经济,矿山排水原则上不采用。只有在某些特殊情况下,如工况点超出工业利用区最大流量以外而使电动机过载时,为了在更换电动机前既能继续排水,又能减小负载,可使用该法作为临时措施。

2)管路并联调节法

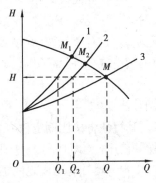

图 1.18　管路并联调节法

矿山排水管路一般至少设置两条,一条工作,一条备用。在正常涌水期间,也可将备用管路投入运行,即工作管路和备用管路并联工作,这样可增大管子过水断面,降低管路阻力,从而改变水泵的工况点。如图 1.18 所示,若某一条排水管路的特性曲线为 1,另一条排水管的特性曲线为 2,把两管路的特性曲线上扬程 H 相等时的横坐标 Q_1 和 Q_2 相加,便得管路并联之后的等效特性曲线。水泵工况点从 M_1 点或 M_2 点变为 M 点,水泵流量由原来的 Q_1 或 Q_2 增大为 Q。可以看出,等效特性曲线 3 较 1 或 2 要平缓,在水泵的实际扬程不变的情况下,管路阻力减小,从而使克服管路阻力的无用功耗减少。故此调节方法是一种有效的节能措施。

采用管路并联调节时,必须注意如下两个问题:一是防止电动机过载;二是防止产生汽蚀。因为管路并联后,水泵的工况点右移,使流量增大,若原电动机的功率富裕度不大,就可能造成电动机过负荷;同时,随着工况点的右移,水泵的必需汽蚀余量加大,有可能发生汽蚀,所以应先进行验算。

3)旁路分流调节

在泵运行中,有时会由于泵的选型不当,如管路阻力计算结果比实际偏大较多,使泵的扬程选择偏高,余量过大;或在运转过程中由于生产流程需要,对管路系统作了调整,而使管路阻力减小,主管路流量偏大,而主管路上又无阀门,这时可采用旁路分流调节。即在泵出口设一旁路分流管与吸水井相连,分流管上装有阀门,通过调节旁路阀门的开启高度,使旁路特性曲线变化,从而使旁路和主管路的并联合成特性曲线变化,起到调节主管路流量的作用。值得注意的是,采用此法调节,泵的流量比无旁路分流时不是小了,而是增大了。由于泵的流量的增加,其轴功率也增加了。故这种调节方法是一种不经济的做法,对水泵来说是不适合的。

2. 改变水泵特性曲线调节法

1)减少叶轮数目调节法

减少叶轮数目的调节法适用于多级泵,尤其是凿立井时排水采用较多。因为凿立井时,随着井筒的延伸,所需的扬程随之增加,为适应使用需要,往往采用先拆除几个叶轮,然后再逐个增加的办法来解决。

如果水泵排水所需的总扬程为 H,每个叶轮产生的扬程为 H_i,则水泵所需的叶轮数目 i 为

$$i = \frac{H}{H_i} \tag{1.27}$$

求得所需叶轮数目 i(i 需圆整,并取偏大的整数)后,可从水泵中拆除多余的叶轮。拆除叶轮时应注意,只能拆除最后或中间一级,而不能拆除吸水侧的第一级叶轮。因为第一级叶轮的吸水口直径要大些,拆除后增加了吸水侧的阻力损失,将使水泵提前发生汽蚀。

减少叶轮数目的方法有两种:一是把叶轮相应的中段去掉,缩短泵轴和拉紧螺栓;二是泵壳及轴均保持原状不动,在泵轴上加一个与拆除叶轮轴向尺寸相同的轴套,以保持整个转子的位置固定不动。两种方法各有优缺点,前者调整工作量大,但对效率影响较小;后者调整方便,操作简单,工作量较小,但对效率有一定的影响。

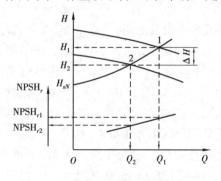

图 1.19 减少叶轮数目调节法

当减少叶轮数目时,水泵特性曲线则相应下降,工况点即随之变动,如图 1.19 所示。减少叶轮数目后,水泵工况点由 1 变为 2。这样将节约扬程 ΔH,同时,水泵的必需汽蚀余量也减小,提高了运行的经济性和安全性。

2)改变叶轮转速调节法

当泵的转速变化时,其特性将按比例定律变化。对此,已在任务一中做了叙述(见图 1.4)。这里应当指出的是,矿山主排水泵一般与电动机之间通过联轴器直接连接,通常选用交流电动机,且功率较

大。而大功率的交流电动机调速较为困难,况且,主排水设备的参数一般不变,故主排水泵的转速恒定,不做调节。但对于掘进排水或其他用途的排水,由于其排水高度不断变化,所以初期可用低速电动机拖动,后期用正常转速的电动机,以适应各时期排水的需要。

改变转速的方法有以下几种:

(1)改变皮带轮直径大小调速

若泵与电动机之间采用三角带传动,则可通过改变泵或电动机的带轮直径大小来进行调速。这种方法使用广泛,但调速范围有限,且不能随时自动调速,需要停机更换带轮。

(2)采用变频调速器调速

利用变频调速器,通过改变电源频率来改变电动机转速,从而改变泵的转速。该方法优点是能实现泵转速的无级调节。但由于变频调速器的价格较高,目前应用尚不普遍。

(3)采用变速电动机调速

由于这种电动机较贵,且效率较低,故应用并不广泛。

改变转速有一定的限制,若采用提高转速的办法来增加流量、扬程,则转速的提高不宜超过 10%,以免损坏泵体、叶轮等。若采用降低转速的办法来改变泵性能,则转速的降低以不超过 20% 为宜,否则换算误差较大,特别是效率相差较大。

 **任务考评**

任务考评的内容及评分标准见表 1.5。

表 1.5 任务考评的内容及评分标准

序 号	考核内容	考核项目	配 分	评分标准	得 分
1	排水设备的运行及正常工作	用听棒倾听水泵内声音 检查轴承润滑状态及温升 检查轴封工作情况	30	错一项扣 10 分	
2	确定离心式水泵的吸水高度	用允许吸上真空度确定 用必需汽蚀余量确定	20	错一项扣 10 分	
3	离心式水泵的工况点调节	闸门调节法 并联管路法 改变转速法 减少叶轮数量法	40	错一项扣 10 分	
4	遵章守纪,文明操作	遵章守纪,文明操作	10	缺一项扣 5 分	
总计					

复习思考题

1. 离心式水泵的性能曲线反映了水泵的哪些性能?

2. 产生汽蚀现象的原因是什么? 如何防止汽蚀现象的产生?

3. 如何正确确定离心式水泵的吸水高度？

4. 离心式水泵正常工作的条件有哪些？

5. 工况点的调节方法有哪些？

6. 在转速 $n = 1\,450$ r/min 的条件下，测得某单级水泵的性能参数如表 1.6，求：

(1)各测点的效率；

(2)绘制该泵的性能曲线。

表 1.6　某单级水泵的性能参数表

参数 \ 测点	1	2	3	4	5	6	7
$Q/(\text{m} \cdot \text{s}^{-1})$	0	2	4	6	8	10	12
H/m	15.2	15.6	15.5	14.9	14.0	12.6	10.4
P/kW	0.61	0.76	0.92	1.15	1.44	1.79	2.02

7. 若水泵的实际扬程 $H_{sy} = 204$ m，当流量 $Q = 280$ m³/h 时，排水管的总损失(包括出口动压) RQ^2 为 14 mH₂O，试绘制管路特性曲线。

8. 已知某水泵房的海拔高度为 300 m，吸水井中的水温为 15 ℃。在该泵房内安装了一台 D280—43 ×3 型水泵，其工况点流量为 324 m³/h，必需汽蚀余量为 4.9 m。若吸水管内径为 225 mm，吸水管直线部分长度为 8 m，吸水管上装有一个异径管、一个 90°的标准弯头和一个带底阀的滤水器。试确定它的吸水高度，并判定在此安装高度下，水泵的工况点是否位于安全区内。

任务三　排水设备的维护与故障处理

知识点：

◆离心式水泵的结构

◆离心式水泵的轴向推力及平衡方法

◆排水设备的日常维护

◆排水设备的故障处理

技能点：

◆离心式水泵的拆装

◆排水设备的故障处理

 任务描述

为了使排水设备能够稳定、高效地工作，就要学习掌握离心式水泵的结构，按规定对其进行日常的维护保养，以减少故障的发生。当设备出现故障时，能够正确地分析故障的原因，找到解决处理的方法，迅速进行修复，尽量减少对生产造成的影响和损失。这就是本任务要学习掌握的内容。

任务分析

离心式水泵的种类很多,按叶轮数量分为单级泵和多级泵;按吸水口数量分为单吸泵和双吸泵;按泵轴的位置分为卧式泵和立式泵;按泵壳的结构分为蜗壳式、分段式和中开式;按输送介质分为清水泵、耐腐蚀泵、耐磨泵、泥浆泵等。下面介绍煤矿常用的 D 型、MD 型泵的结构。

D 型、MD 型离心式水泵的结构

D 型泵是单吸、多级、分段式离心泵。它可输送水温低于 80 ℃的清水或物理性能类似于水的液体,其流量范围和扬程范围大。D 型水泵经多年的发展已形成系列,其结构型式基本相同,只是尺寸大小不同。以前矿井主排水泵多采用 D 型泵。目前矿井主排水泵多采用 MD 型泵。MD 型泵是在 D 型泵的基础上改进设计的一种耐磨多级离心泵。适用于输送介质温度不高于 80 ℃的清水及固体颗粒(粒度小于 0.5 mm)含量不大于 1.5%(体积浓度)的中性矿井水,以及类似的其他污水。特别适用于煤矿等矿山排水。

1. 离心式水泵型号意义

水泵型号表示了水泵的结构类型、性能和尺寸大小,其编制方法尚未完全统一,故水泵型号的组成和含义在水泵样本及使用说明书上都有专门说明。目前我国多数泵的结构类型及特征,是用汉语拼音字母表示在水泵型号中的。表 1.7 给出了部分离心式水泵型号中汉语拼音字母表示的意义。

表 1.7 离心式水泵型号中汉语拼音字母表示的意义

拼音字母	表示的意义	拼音字母	表示的意义
D	分段式多级泵	KD	中开式多级泵
DG	分段式多级锅炉给水泵	QJ	井用潜水泵
DL	立轴多级泵	S	单级双吸式离心泵
DS	首级用双吸叶轮的分段式多级泵	M	耐磨泵
F	耐腐蚀泵	WB	微型离心泵
JC	长轴深井泵	WG	高扬程横轴污水泵

例如:

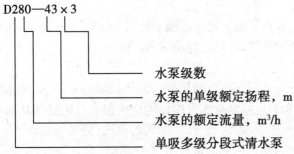

D280—43×3

水泵级数
水泵的单级额定扬程,m
水泵的额定流量,m³/h
单吸多级分段式清水泵

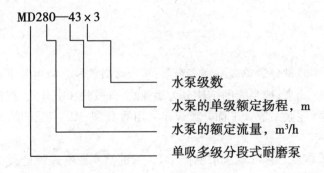

水泵级数

水泵的单级额定扬程，m

水泵的额定流量，m³/h

单吸多级分段式耐磨泵

2. D 型、MD 型泵的结构

如图 1.20 所示为 D280—43×3 型水泵的结构图。图 1.21 为 MD280—43×3 型水泵的结构图。它们主要由转动部分、固定部分、轴承部分、密封部分等组成。

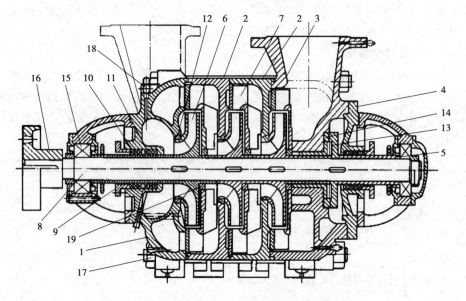

图 1.20　D280—43×3 型水泵的结构图

1—进水段;2—中段;3—出水段;4—尾盖;5—轴套;6—叶轮;7—导叶;8—泵轴;9—填料压盖;
10—填料;11—水封环;12—大口环;13—平衡盘;14—平衡环;15—轴承座;
16—联轴节;17—拉紧螺栓;18—放气栓;19—小口杯

1)转动部分

转动部分是水泵的工作部件。主要由泵轴及装在泵轴上的数个叶轮和一个用以平衡轴向推力的平衡盘组成。叶轮用平键与泵轴连接,叶轮之间用轴套定位。

(1)叶轮

叶轮是离心式水泵的主要部件。其作用是将电动机输入的机械能传递给水,使水的压力能和动能得到提高。它的尺寸、形状和制造精度对水泵的性能影响很大。D 型、MD 型水泵的叶轮剖视图如图 1.22 所示。叶轮由前轮盘、后轮盘、叶片和轮毂组成,通常铸造成一个整体。叶片绝大多数为后弯叶片,出口安装角为 15°～40°,常选用 20°～30°。叶片的数量一般为 5～12 片。D 型水泵的叶片数为 7 片。叶片数目太多,会增加水在叶轮中的摩擦阻力;太少又容易产生涡流。

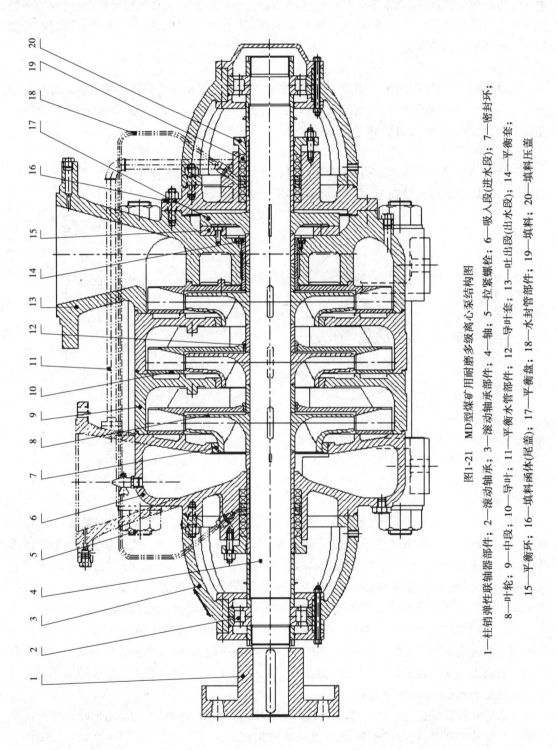

图1-21　MD型煤矿用耐磨多级离心泵结构图

1—柱销弹性联轴器部件；2—滚动轴承；3—滚动轴承部件；4—轴；5—拉紧螺栓；6—吸入段(进水段)；7—密封环；8—叶轮；9—中段；10—导叶；11—导叶管部件；12—导叶管件；13—吐出段(出水段)；14—平衡套；15—平衡环；16—填料函体(尾盖)；17—平衡盘；18—水封管部件；19—平衡盖；20—填料压盖

25

D 型、MD 型水泵第一级叶轮的入口直径大于其余各级叶轮的入口直径,这样可以减小水进入首级叶轮的速度,提高水泵的抗汽蚀性能;同时,叶轮叶片的入口边缘呈扭曲状,以保证全部叶片入口断面都适应入口水流,从而减少水流对入口的冲击损失,这是这种水泵零扬程较高和效率曲线平坦的原因之一。

（2）泵轴

泵轴常用 45 号钢锻造加工而成,其主要作用是传递扭矩和支承套装在它上面的其他转动部件。为防止泵轴锈蚀,泵轴与水接触的部分(即两叶轮之间)装有轴套,轴套锈蚀和磨损后能够更换,这样可以延长泵轴的寿命。

（3）平衡盘

平衡盘的作用是平衡水泵的轴向推力(见相关知识)。图 1.23 是 D 型、MD 型泵平衡盘的剖视图。它通过键与泵轴连结,盘背面有拆卸用的螺丝孔。

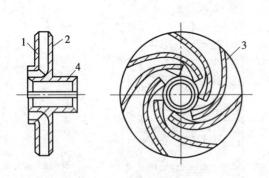
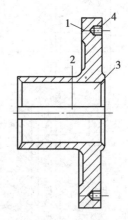

图 1.22　D 型水泵叶轮剖视图
1—前轮盘;2—后轮盘;3—叶片;4—轮毂

图 1.23　平衡盘的剖视图
1—盘面;2—键槽;
3—轴孔;4—拆卸用螺丝孔

2）固定部分

固定部分主要包括进水段(前段)、出水段(后段)和中间段等部件,并用拉紧螺栓(穿杠)将它们连接在一起。吸水口位于进水段,为水平方向;出水口位于出水段,为垂直向上。在单吸多级离心式水泵中,水由进水段的吸入室均匀地进入叶轮,经由叶轮甩出后,水流具有相当大的动压。为了提高克服管路阻力的能力,必须将此项动压尽可能地转变为静压。D 型、MD 型泵动压的转变是由导水圈和返水圈所组成的中段(图 1.24)与位于出水段(图 1.25)中的环形压出室共同实现的。导水圈由若干叶片组成,水在叶片间的流道中通过。图 1.24 中,A—A 截面前一段流道的作用是接受由叶轮流出的水,并以匀速送入 A—A 截面以后的流道;A—A 截面后一段流道的断面逐渐扩大,因而流速降低,使一部分动压转换为静压。返水圈的作用是以最小的损失把水引入次级叶轮的入口。

导水圈叶片数应比叶轮叶片数多一片或少一片,使其互为质数,否则会出现叶轮叶片与导水圈叶片重叠的现象,造成流速脉动,产生冲击和振动。

需要指出,导水圈中流道的形状是按泵处于额定工况设计的。当水泵在额定工况工作时,叶轮出口处水的绝对速度方向与导叶流道的形状相吻合,能使水从叶轮中无撞击地进入导

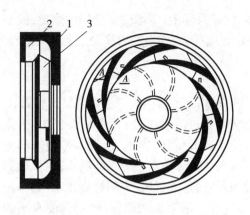

图 1.24　D 型水泵中段图

1—中段;2—导水圈叶片;3—返水圈叶片

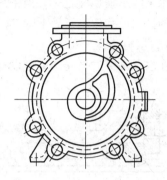

图 1.25　D 型水泵出水段示意图

水圈。

当不在额定工况工作时,叶轮出口处水的绝对速度方向发生了变化,但是导水圈中流道的形状却不变,因而产生冲击,加大水力损失,使水泵的效率下降。

出水段的作用是以最小损失,将导水圈中流出的水汇集起来并均匀地引至出水口;同时,在此过程中,将一部分动压变为静压。D 型、MD 型泵出水段流道呈螺壳形,如图 1.25。它可以将从导水圈散流出来的水,先后均匀地导入总流,并缓慢减速至出口。因而这种螺壳形的出水段流道较非螺壳形的出水段流道冲击损失小,效率高。

离心式水泵的进水段、中间段、叶轮和出水段总称为水泵的过流部件。过流部件的形状和材质的好坏是影响水泵性能和寿命的主要因素。

3)轴承部分

水泵转子部分支承在泵轴两端的轴承上。D 型、MD 型水泵采用单列向心滚柱轴承,用 3 号通用锂基润滑脂(即黄油)润滑。为了防止水进入轴承,泵轴两侧采用了 O 形耐油橡胶密封圈和挡水圈。这种轴承允许少量的位移,有利于平衡装置改变间隙,以平衡轴向推力;同时,由于采用了滚动轴承,减少了静阻力矩和机械摩擦损失。

4)水泵的密封

水泵各段之间的静止结合面采用纸垫或二硫化钼来密封。转动部分与固定部分之间的间隙是靠密封环及填料来密封的。

(1)密封环

密封环又称口环。叶轮的吸水口和水泵固定部分之间,叶轮尾端轮毂和中段导叶内孔之间有环形缝隙。高压区的水经过这些缝隙进入低压区并形成循环流,从而使叶轮实际排入次级的流量减少,并多消耗部分能量。为了减少缝隙的泄漏量,应在保证转子正常转动的前提下,尽可能减小缝隙。为此,在每个叶轮前后的环形缝隙处,安装了磨损后便于更换的密封环,如图1.26 所示。装在叶轮入口处的密封环 1 叫做大口环,装在级间缝隙处的密封环 3 叫做小口环。

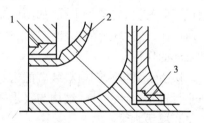

图 1.26　D 型水泵的密封环

1—大口环;2—叶轮;3—小口环

D型、MD型水泵的密封环为圆环形,用螺钉固定在泵壳上,它承受着转子的摩擦,故密封环是水泵的易损零件之一。当密封环被磨损到一定程度后,水在泵腔内将发生大量的窜流,使水泵的排水量和效率显著下降,应及时更换。

(2)填料装置

在水泵轴穿过泵壳的地方设有填料装置(又称填料箱或填料函),以实现泵轴的密封。

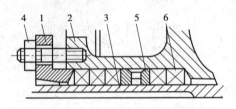

图1.27 D型水泵吸水侧填料装置
1—填料压盖;2—进水段;3—轴套;
4—压盖螺栓;5—水封环;6—填料

在泵轴穿过进水段处,外侧是大气压,内侧是首级叶轮入口的低压,如不进行密封,则外部大气将窜入泵内从而影响水泵的正常吸水;在泵轴穿过出水段处,外侧是大气压,内侧是高压水,如不进行密封,高压水将沿泵轴间隙向外泄漏,使水泵的流量减少。可见,吸水侧填料装置的作用是防止空气进入泵内,排水侧填料装置的作用是防止高压水向外泄漏。

D型、MD型水泵吸水侧填料装置如图1.27所示。它由填料箱、填料(盘根)、水封环(填料环)及压盖等组成。

填料密封所用的填料,又称盘根,其材料视使用条件而不同,有软填料、半金属填料和金属填料等几种。

软填料就是由非金属材料制成的填料。它是用石棉、棉纱、麻等纤维经纺线后编结而成,再浸渍润滑脂、石墨或聚四氟乙烯树脂,以适应于不同的液体介质。这种填料只用于温度不高的液体。

半金属填料是由金属和非金属材料组合制成的。它是将石棉等软纤维用铜、铅、铝等金属丝加石墨、树脂编织压制成形的,这种填料一般用于中温液体。

金属填料则是将巴氏合金或铜、铝等金属丝浸渍石墨、矿物油等润滑剂压制而成,一般为螺旋形。金属填料的导热性好,可用于温度低于150 ℃、圆周速度小于30 m/min的场合。

D型、MD型水泵一般用油浸石棉绳作填料。将填料弯成圆形后,一圈一圈地装入填料箱内。填料压盖是用来压紧填料的,它穿在两条双头螺栓上,把螺母拧进拧出,便可调节填料松紧。为防止填料发热和增大摩擦阻力,填料压盖不可拧得太紧,一般以滴水不成串为宜。

水封环装在进、出水侧填料箱的中部,它由两个半环拼合组成,其四周钻有若干小孔,如图1.28所示。从水封管引来的高压液体,通过环上的槽和孔渗入到填料处,起液封、润滑及冷却轴套的作用。

D型水泵排水侧填料装置的密封效果不如吸水侧要求高,故不设置水封环。其他结构与吸水侧相同。

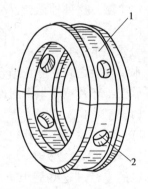

图1.28 填料环
1—环圈空间;2—水孔

3. 单级水泵

只有一个叶轮的泵称为单级泵。按其转子支承方式,将这种泵分为悬臂式和两端支承式两类。

1)悬臂式单级水泵

(1)悬架式悬臂水泵

我国设计生产的 IS 型水泵如图 1.29 所示。其组成主要包括泵体、叶轮、泵盖、主轴、密封环、悬架、轴承、轴套等。该泵泵脚与泵体 1 铸为一体,轴承置于悬臂安装在泵体上的悬架 11 内。因此,整台泵的质量主要由泵体承受(支架 13 仅起辅助支承作用)。

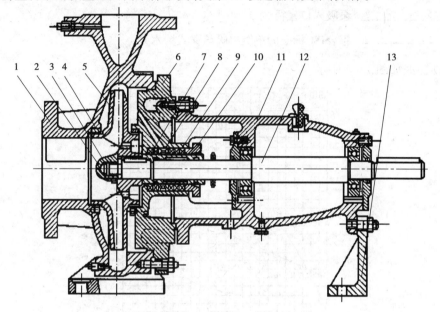

图 1.29 悬架式悬臂水泵

1—泵体;2—叶轮螺母;3—止动垫圈;4—密封环;5—叶轮;6—泵盖;7—轴套;
8—填料环;9—填料;10—填料压盖;11—悬架;12—泵轴;13—支架

IS 型泵的泵体和泵盖 6 为后开门的结构型式,检修方便,即检修时不用拆卸泵体、管路及电动机,只需拆下加长耦合器的中间连接件,便可退出转子部件。悬架轴承部件支撑着水泵的转子部件。为了平衡泵的轴向力,在叶轮 5 前、后盖板处设有密封环,叶轮后盖板上开设有平衡孔。滚动轴承承受泵的径向力以及残余轴向力。泵的密封为填料密封,由填料后盖 10、填料环 8 和填料 9 等组成,防止进气或漏水。在轴通过填料环的部位装有轴套 7 以保护轴不被磨损。轴套和轴之间装有 O 形密封圈,目的同样是防止进气和漏水。泵的传动形式为通过加长弹性耦合器与电动机相连。从原动机方向看,泵一般为顺时针方向旋转。

IS 型泵广泛适用于工矿企业、城市给水、农田排灌,输送清水或物理、化学性质类似于清水的其他液体介质,其性能范围为:流量 $Q = 6.3 \sim 400$ m³/h,扬程 $H = 5 \sim 125$ m,工作介质温度不大于 80 ℃。

现以 IS100—80—125 型泵为例,说明其型号意义:

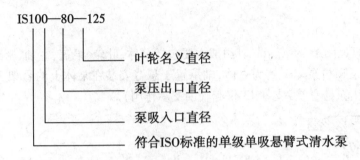

叶轮名义直径

泵压出口直径

泵吸入口直径

符合ISO标准的单级单吸悬臂式清水泵

其特性曲线如图1.30所示。

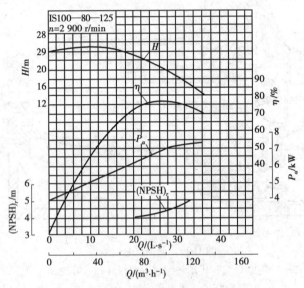

图1.30 IS100—80—125泵的特性曲线

(2)托架式悬臂泵

如图1.31所示是B型单级单吸式离心泵。其泵脚与托架7铸为一体,泵体悬臂安装在托架上,故称为托架式悬臂水泵。

B型水泵的泵体相对于托架可以有不同的安装位置,以便根据管路的布置情况,用泵体转动相应角度的方法,使泵的排水口朝上、朝下、朝前或朝后。检修此水泵时,需要将吸水管路和排水管路与泵体分离,同悬架式悬臂泵相比,显然是不方便的。再加上这种泵的全部质量主要靠托架承受,托架较笨重,故我国近年来生产的单级单吸式离心泵,使用托架式悬臂结构的不多。但这种结构的泵应用历史较长,泵的出口又可以调换位置,对泵壳采用贵重材料制造的泵,用托架式悬臂结构还能大大降低成本。

B型水泵的泵体由铸铁铸成,其内铸有逐渐扩散至水泵出水口的螺旋形流道。在出水口法兰盘上,有安装压力表用的螺孔(不安装压力表时用四方螺塞堵住)。泵体下部有一放水孔,当水泵停止使用时,可将水泵内的水放走,以防冬季冻裂。泵体与泵盖用止口结合,并用双头螺栓连接在托架上。

泵盖用铸铁铸成,泵盖与泵体的结合面间放有纸垫,以防止漏水。泵盖为填料装置密封。填料装置由填料室、填料压盖、水封环和油浸石棉绳组成,以防止空气窜入和水的渗出。少量

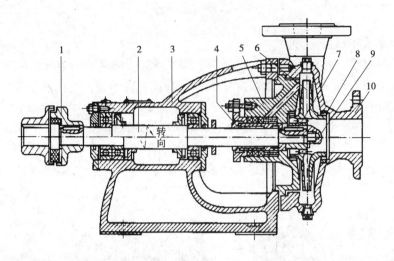

图 1.31　托架式悬臂泵(B型)

1—耦合器;2—泵轴;3—托架;4—轴套;5—泵盖;

6—叶轮;7—键;8—密封环;9—叶轮螺母;10—泵体

高压水通过泵盖内的窜水孔流入填料室中的水封环,起水封作用。

泵轴用优质碳素钢制成,一端固定叶轮,一端接耦合器,支承在装于托架内的球轴承上。轴承用润滑脂润滑。从耦合器一端看,泵轴为顺时针方向旋转。

叶轮用铸铁制成,是单侧进水。它的密封有单口环(只有大口环)和双口环(既有大口环,也有小口环)两种,一般口径小的、扬程低的为单口环;口径大的、扬程高的为双口环。双口环的叶轮后盘上靠近轴孔处钻有若干平衡孔,用以平衡轴向推力。单口环叶轮由轴承承受轴向推力。

叶轮靠叶轮螺母和外舌止退垫圈固定在轴的一端,外舌止退垫圈能防止叶轮螺母松动。

托架为铸铁铸成,内有轴承室。轴承室用来安装轴承,两端用轴承压盖压紧。

(3)连体泵

连体泵结构如图1.32所示。它的叶轮5直接装在电动机2的一端,由泵体4和泵盖3组成的泵壳与电动机1的机壳直接相连。可以看出,这种泵的电动机轴虽然要加长,但它的整机结构紧凑,质量轻,故WB型微型离心泵以及多种型号的潜水泵和屏蔽泵均采用连体泵的结构

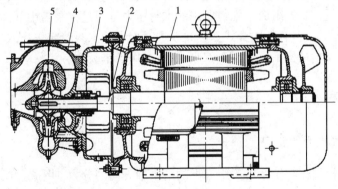

图 1.32　双吸式悬臂连体泵

1—电动机;2—电机轴;3—泵盖;4—泵体;5—叶轮

31

形式。

2)两端支承式单级泵

大多数单级双吸式离心泵采用双支承结构,即支承转子的轴承位于叶轮两侧,且一般都靠近轴的两端。如图1.33所示的S型泵为单级双吸卧式双支承泵。它的转子为一单独的装配部件。双吸式叶轮3靠键20、轴套6和轴套螺母11固定在轴4上。泵装配时,可用轴套螺母调整叶轮在轴上的轴向位置。泵转子用位于泵体两端的轴承体12内的两个轴承15实现双支承。当耦合器16处有径向力作用在泵轴上时,远离耦合器的左端轴承所受的径向载荷较小,应将其轴承外圈进行轴向紧固,以使它承受转子的轴向力。

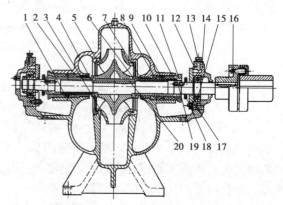

图1.33 单级双吸式双支承泵

1—泵体;2—泵盖;3—叶轮;4—轴;5—密封环;6—轴套;7—填料套;
8—填料;9—填料环;10—填料压盖;11—轴套螺母;12—轴承体;13—连接螺钉;
14—轴承压盖;15—轴承;16—耦合器;17—轴承端盖;18—挡圈;19—螺栓;20—键

S型泵是侧向吸入和压出,采用水平中开式泵壳,即泵壳沿通过轴线的水平中开线剖分。它的两个半螺旋形吸水室和螺旋形压水室都是由泵体1和泵盖2在中开面处对合而成的。泵的吸水口和排水口均与泵体铸为一体。此结构的泵检修时无需拆卸吸水管和排水管,也不要移动电动机,只要揭开泵盖即可检修泵内各零件。

S型泵在叶轮吸水口的两侧都要设置轴封。该轴封为填料密封。它由填料套7、填料8、填料环9和填料压盖10等组成。轴封所用的水封压力是通过在泵盖中开面上开出的凹槽,从压水室引到填料环的。但有的中开式双吸泵要通过专设的水封管将水送入填料环。

应该指出,双支承结构不仅能用于双吸泵,也可用于单吸泵。

 相关知识

(一)产生轴向推力的原因

泵在工作时,作用在叶轮及转子组件上的沿泵轴方向的分力,叫做轴向力。产生轴向力的原因有3个:

第一个原因是:单吸式叶轮在工作时,由于叶轮两侧作用力不相等,产生了一个从泵腔指向吸入口的轴向推力 F_1,如图1.34所示。在泵尚未工作时,泵内过流零部件上的液体压力都一样,不会产生轴向推力。但当泵正常工作时,叶轮吸入口处液体压力为 p_1,叶轮出口处液体压力为 p_2,压力为 p_2 的液体除经叶轮出口排出外,尚有很少量的液体经间隙流到泵壳与叶轮前、后盖板之间的空隙处,从图中可以看出,叶轮两侧在密封环直径 D_w 以外的环形面积上压力分布是对称的,轴向作用力抵消。而在轮毂直径 d_h 与密封环直径 D_w 之间的吸入口处,环形投影面积上却存在着压力差,于是便产生了轴向推力 F_1。

实际上压力的分布如图 1.34 中的虚线所示的那样,是按抛物线分布的,越靠近轮毂越小。

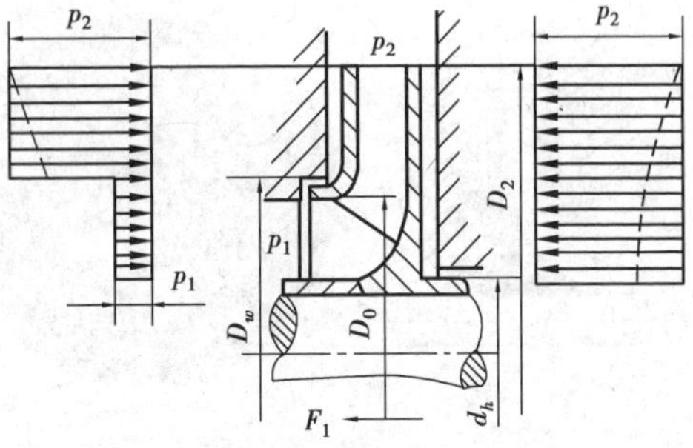

第二个原因是:由于叶轮内水流的动量发生变化而产生的轴向推力。水在叶轮内流动过程中,速度方向是由轴向逐渐变为径向的。由于速度的变化,必然引起动量的变化,结果对叶轮产生一个反冲力 F_2,该力方向由进水口指向后轮盘。

图 1.34 轴向推力的产生

在泵正常工作时 F_2 与 F_1 相比,数值很小,可以忽略不计。但在启动瞬间,由于泵的正常压力尚未建立,所以反冲力的作用较为明显,泵在启动时转子向后窜动就说明了这一点。为此,泵操作中应注意避免频繁进行启动。

第三个原因是:由于大小口环磨损严重,泄漏量增加,使前后轮盘上的压力分布规律发生变化,从而引起轴向推力的增加。在正常状态下,增加的数值可以不予考虑,但在非正常状态下,这个数值可能很大。

由此可见,**叶轮前后托盘上所受压力不平衡,是产生轴向推力的主要原因。总轴向推力的方向,是由水泵的排水侧指向吸水侧。**

(二)轴向推力的危害

多级离心式水泵的轴向推力有时可达几十千牛,这个力将使整个转子向吸水侧窜动。如不加以平衡,将使高速旋转的叶轮与固定的泵壳接触,造成破坏性的磨损;另外,过量的轴向窜动,会使轴承的轴向负荷加大而发热,电动机负载也相应加大;同时使互相对正的叶轮出水口与导水圈的导叶进口发生偏移,引起冲击和涡流,降低水泵的效率,严重时将使水泵无法工作。

(三)平衡轴向推力的方法

1. 平衡孔法

如图 1.35 所示,在叶轮的后轮盘上设一外凸的圆环 K,其直径与吸水口外径相同,在 K 与叶轮轮毂间必形成一小室 E。外凸圆环 K 与泵体上的固定环配合工作,将阻止外侧的高压水向 E 室泄漏。小室 E 通过 4~8 个平衡孔 A 与叶轮入口相通,则 E 室内的压力与叶轮入口压力基本相等,从而减少了叶轮轮盘前后侧的压力差,使轴向推力趋于平衡。

这种平衡方法结构简单,但平衡效果不佳,而且增加了流量损失,同时经过平衡孔返回的水会扰乱进口水流的正常流动,增大涡流和冲击损失,使泵的效率下降 2%~5%。因此,这种平衡方法一般只用于小型的单级泵。

2. 双吸叶轮法

如图 1.36 所示,由于叶轮结构尺寸对称,因此叶轮两侧的压力作用面积相等,理论上可使产生的轴向力互相抵消。但由于在制造上很难做到叶轮两侧过流部分的几何形状完全相同,两侧密封环的间隙也很难完全相等,所以仍会有较小的轴向推力作用在转子上。这种结构多用在流量较大的单级离心泵上。

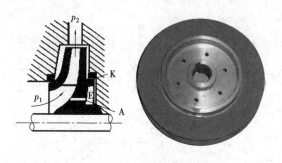

图 1.35 平衡孔

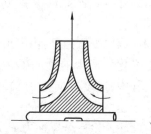

图 1.36 双侧吸入叶轮

3. 平衡叶片法

如图 1.37 所示,在叶轮后盖板的背面对称安置几条径向叶片,如同泵叶片样使叶轮背面的水加快旋转,离心力增大,使叶轮背面的压力显著下降,从而使叶轮前后侧的压力趋于平衡。这种平衡方法会使泵的效率有所降低,其平衡程度取决于平衡叶片的尺寸和叶轮与泵体的间隙,通常在杂质泵上采用。

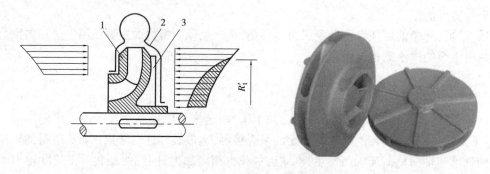

图 1.37 平衡叶片
1—叶轮;2—螺壳;3—平衡叶片

4. 平衡鼓法

如图 1.38 所示,平衡鼓是装在末级叶轮后面与叶轮同轴的圆柱体,其外圆表面与泵体上的平衡鼓套之间有一很小的径向间隙 δ。平衡鼓右侧用连通管与泵吸水口相连,这样平衡鼓右侧 C 的压力接近泵吸水口压力,左侧 A 的压力接近最后一级叶轮后腔的压力,从而在平衡鼓两侧形成一个从左向右的轴向推力。采用此法轴向推力不能完全得到平衡,因此要采用止推轴承来承受剩余的轴向推力。

5. 平衡盘法

如图 1.39 所示,在多级水泵最后一级叶轮的后面,装配一平衡盘,并用键将它固定在泵轴上,随叶轮一起旋转。泵体 3 上固定有支承环 2 和平衡环 4。平衡盘与支承间形成不变的径向间隙 δ_0,与平衡环间形成可变的轴向间隙 δ'。平衡盘左侧充水腔 A 为平衡腔,右侧充水

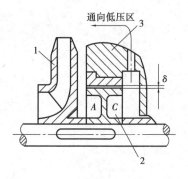

图 1.38 平衡鼓
1—叶轮;2—平衡鼓;3—出水段

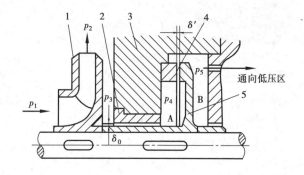

图 1.39 平衡盘示意图
1—水泵末级叶轮;2—支承环;3—泵体;
4—平衡环;5—平衡盘

腔 B 为回流腔。回流腔经回水管与水泵吸水口或大气相通。

设水泵最后一级叶轮的出口压力为 p_2,径向间隙 δ_0 前面的压力为 p_3,水泵正常工作时 $p_2 \approx p_3$,可认为是不变的。当水流过径向间隙 δ_0 后,由于水力损失的存在,平衡腔 A 内的压力降为 p_4。当水流过轴向间隙 δ' 后,压力再下降至 p_5,$p_5 \approx p_1$ 也认为是不变的。这样,平衡盘左右两侧形成压力差 $p_4 - p_5$,产生平衡力 F_p,F_p 的方向与轴向推力 F_z 的方向相反。当平衡力 F_p 等于轴向推力 F_z 时,水泵便处在平衡状态下运转。

轴向推力 F_z 的大小与扬程的高低有关,因此,水泵的工况变化时,轴向推力 F_z 也要相应变化。当轴向推力 F_z 大于平衡力 F_p 时,转子就向吸水侧移动,使轴向间隙 δ' 减小,通过间隙 δ' 的泄漏量也就减少,A 腔内的压力 p_4 增大,由于 p_5 基本不变,所以平衡盘两边的压力差增加,平衡力 F_p 也就相应增大。当转子继续向左移动时,平衡力 F_p 不断增加,直到平衡力 F_p 和轴向推力 F_z 相等而达到平衡。

但由于惯性,运动着的转子不会立刻停止在新的平衡位置上,而要继续向左移动,轴向间隙 δ' 继续减小,使得平衡力 F_p 超过轴向推力 F_z,以阻止转子继续左移,直到停止。但是,转子停止移动的位置并非平衡位置,此时的平衡力 F_p 大于轴向推力 F_z,从而使转子向右移动,又开始了从不平衡到平衡的运动。

离心式水泵在工作中,工况点是经常变化的,轴向推力 F_z 也随之变化,转子就会在经常发生轴向移动的过程中得到新的平衡。

综上所述,平衡盘的平衡状态是动态的,也就是说,泵轴是在平衡位置左右做轴向移动。由于平衡盘的这种自动平衡轴向推力的特点,因而被广泛地应用在多级水泵上。

用平衡盘平衡轴向推力的效果好。但在水泵的启动过程中,因水泵的流量小、扬程大,所以水泵的轴向推力较大;而这时的平衡力较小,故会引起泵轴向吸水侧窜动,使平衡盘和平衡环接触而造成磨损。为了减少这种磨损,应尽量减少水泵的启、停次数。同时,为了增加平衡盘与平衡环的耐磨性,在平衡盘的材料选择和热处理加工方面都有严格要求,以保证工作面具有足够的硬度而且耐磨。

一般从平衡盘中流出的水量应不超过水泵流量的 1.5% ~3%,否则水泵的效率将大大降低。但绝不能因此堵死与平衡盘右侧相通的回水管。因为一旦堵死回水管,平衡盘两边就不存在压力差,从而失去平衡轴向推力的作用。因此,为了减少从平衡盘中流出的水量,应使平衡盘和平衡环之间的轴向间隙在 0.5 ~1 mm 之间。泵轴的自由窜量不小于 1 mm,不大于 4 nm。

 **任务实施**

(一)离心式水泵的拆装

1. 泵的拆卸

1)拆卸泵时应注意做好下列准备事项:

(1)按停泵程序停泵。

(2)将泵壳内的液体放掉。

(3)如果轴承部件是润滑油润滑时,应将润滑油放掉。

(4)拆去妨碍拆卸的附属管路,如平衡盘水管、水封环水管等和仪器仪表等。

(5)拆卸泵与电动机的联轴器。

(6)安装好起吊设备。

2)拆卸泵的顺序

泵的拆卸步骤应从拆下出水侧的轴承部件开始,其顺序大体如下:

(1)拧下出水侧轴承压盖上的螺栓和吐出段(出水段)、填料函体(尾盖)、轴承体三个部件之间的连接螺母,卸下轴承部件。

(2)拧下轴上的圆螺母,依次卸下轴承内圈、轴承压盖和挡套后,卸下填料函体或尾盖(包括填料压盖、填料环、填料等在内)。

(3)依次卸下轴上的 O 形密封圈、轴套、平衡盘和键,然后卸下出水段(包括末级导叶、平衡环等在内)。

(4)卸下末级叶轮和键后,卸下中段(包括导叶在内)。

(5)按同样方法,继续卸下其余各级的叶轮、中段和导叶,直到卸下首级叶轮为止。

(6)拧下吸入段(进水段)和轴承体的连接螺母,拧下轴承压盖上的螺栓后,卸下轴承部件(在这之前应预先将泵联轴器卸下)。

(7)将轴从吸入段(进水段)中向后抽出,拧下轴上的固定螺母,依次将轴承内圈、O 形密封圈、轴套、挡套等卸下。

至此拆卸工作基本完成,但在上述拆卸过程中,还有部分零件互相是连接在一起的,一般情况下拧下连接螺栓或螺母后即可卸下。

3)清洗和检查

(1)用煤油清洗全部的零件,在空气中干燥或用布擦干。

(2)检查全部零件的磨损情况,对不能确保正常运转的零件应更换新的。

(3)检查泵轴是否有灰尘或生锈,用千分表检查轴的不直度(轴的径向跳动值不大于 8 级精度)。

(4)当密封间隙超过推荐值最大值的 50% 时,应更换密封元件。

2. 泵的装配

D 型、MD 型泵装配质量的好坏对泵的性能及运行稳定性影响显著,在装配时务必注意以下几点:

1)叶轮出口中心与导叶进口中心的对准;如果对不准时,应在叶轮轮毂与轴肩通过加设垫片调整。应将两中线控制在 0.5 mm 的范围内。

2）泵的转子部分与定子部分的各个密封间隙值大小及均匀,稍有偏差,就会使水泵的性能受到影响,流量减小,扬程降低,效率差,以致降低泵的使用寿命。各个密封间隙值大小见表1.8。

表1.8　泵体密封环与叶轮密封环的名义径向间隙　　单位:mm

名义尺寸	30~90	>90~120	>120~180	>180~250	>250~500	>500~800	>800~1 250	>1 250
直径间隙	0.3~0.4	0.4~0.5	0.5~0.6	0.6~0.7	0.7~0.85	0.85~1.2	1.2~1.6	1.6~2.0

3）D型、MD型泵必须有良好的同心度方能使泵运转轻快,故在装配时务必注意检查装配好的转子部件及各零件的径向跳动允许误差。各零件的径向跳动允许误差见表1.9。

表1.9　各零件的径向跳动允许误差　　单位:mm

公称直径 / 部位	≤50	>50~120	>120~260	>260~500	>500~800
叶轮密封环外圆	0.06	0.06~0.08	0.07~0.09	0.08~0.10	0.10~0.13
轴套外圆	0.04	0.04~0.06	0.06~0.07	—	—
平衡套外圆	0.05	0.06	0.07	—	—
平衡盘端面	0.03	0.04	0.05	0.06	—

4）泵的装配顺序,可按拆卸顺序反向进行。装配完毕后,用手转动转子,检查泵内是否有摩擦声或转动不灵活等不正常现象。除了MD6—25和MD12—25型泵以外,其余泵型的转子应有轴向窜动量。

（二）水泵完好标准

主水泵和一般水泵的完好标准如表1.10、表1.11所示。

表1.10　主水泵的完好标准

项　目	完好标准	备　注
螺栓、螺母、背帽、垫圈、开口销、护罩、放气阀	齐全、完整、紧固。	1. 包括从底阀到逆止阀的管路。 2. 每台水泵不少于一个放气阀。
泵体与管路	无裂纹、不漏水;泵体和泵房内排水管路防腐良好;吸水管径不小于水泵吸水口径;平衡盘调整合适,轴窜量为1~4 mm(或按厂家规定);填料滴水不成线;填料箱不过热。	
逆止阀、闸板阀、底阀	齐全、完整、不漏水;闸门操作灵活。	底阀以自灌满引水起5 min后能启动水泵为合格。

续表

项　目	完好标准	备　注
轴承	油圈转动灵活,油质合格,不漏油;滚动轴承温度不超过75 ℃,滑动轴承温度不超过65 ℃;轴承最大间隙不超过以下规定: 单位:mm <table><tr><td>轴颈直径</td><td>滑动轴承</td><td>滚动轴承</td></tr><tr><td>30 ~ 50</td><td>0.24</td><td>0.20</td></tr><tr><td>>50 ~ 80</td><td>0.30</td><td>0.20</td></tr><tr><td>>80 ~ 120</td><td>0.35</td><td>0.30</td></tr><tr><td>>120 ~ 180</td><td>0.45</td><td>0.30</td></tr></table>	
联轴器	端面间隙比轴的最大窜量为 2 ~ 3 mm,径向位移不大于0.2 mm,端面倾斜不大于1‰,胶圈外径和孔径差不大于2 mm。	螺栓有防脱装置。
电气与仪表	电动机和开关柜应符合其完好标准;压力表、电压表、电流表齐全、完整、准确。	仪表校验期不超过一年。
运转与出力	运转正常、无异常振动;水泵每年至少测定一次;排水系统综合效率不低于:立井45%,斜井40%。	测定记录有效期不超过一年。
整洁与资料	设备与泵房整洁,水井无杂物,工具、备件存放整齐;有运行日志和检查、检修记录。	

表 1.11　一般水泵的完好标准

项　目	完好标准	备　注
螺栓、螺母、背帽、垫圈、开口销、护罩、放气阀	齐全、完整、紧固。	
泵体与管路	无裂纹、不漏水;泵体和泵房内排水管路防腐良好;吸水管径不小于水泵吸水口径;平衡盘调整合适,轴窜量为1 ~ 4 mm(或按厂家规定);填料滴水不成线;填料箱不过热。	

续表

项　目	完好标准	备　注
逆止阀、闸板阀、底阀	齐全、完整、不漏水;闸门操作灵活。	排水垂高低于 50 m 的可以不装逆止阀。
轴承	油圈转动灵活,油质合格,不漏油;滚动轴承温度不超过 75 ℃,滑动轴承温度不超过 65 ℃。	
联轴器	端面间隙比轴的最大窜量大 2～3 mm,径向位移不大于 0.25 mm,端面倾斜不大于 1.5‰。	
电气	电动机符合其完好标准;启动设备齐全、可靠;接地装置合格。	
整洁	设备无油垢,周围无杂物。	

(三)故障分析与排除方法

水泵常见故障分析与排除方法见表1.12。

表 1.12　水泵常见故障分析与排除方法

序号	故障现象	原因分析	排除方法
1	水泵不吸水,吸入真空表指示值剧烈波动	1. 注入水泵的水不够 2. 吸水管、吸水侧填料箱或真空表连接处漏气 3. 滤水器被堵塞或没完全浸入水中 4. 电机转速过低或转向不对	1. 往水泵内注水 2. 拧紧填料箱压盖或更换填料,堵塞漏气点或更换真空表 3. 清理滤水器,使滤水器浸入水下 4. 检查电源电压,改变电机转向
2	水泵不吸水,吸入真空表指示高度真空	1. 底阀没有打开或已淤塞 2. 吸水管阻力太大,吸水高度太高	1. 检查或更换底阀 2. 清洗或更换吸水管,降低吸水高度
3	泵出口压力表指示有压力,而水泵不出水	1. 排水管阻力太大或泵扬程不够 2. 旋转方向不对或转数不够 3. 水泵叶轮损坏或被堵塞	1. 检查或缩短排水管 2. 检查电源电压,改变电机转向,提高转数 3. 清洗或更换叶轮
4	流量不足	1. 电动机转数不足 2. 填料箱漏气 3. 密封环磨损过多,内泄漏严重 4. 水泵叶轮局部淤塞 5. 叶轮出水口与导水圈进水口没对正	1. 检查电源电压或改变转速 2. 拧紧填料箱压盖 3. 更换密封环 4. 清洗水泵叶轮 5. 调整导水圈安装位置

续表

序号	故障现象	原因分析	排除方法
5	水泵运转功率过大	1. 填料压盖压得太紧,填料室发热 2. 泵旋转部分发生摩擦 3. 平衡盘平衡效果差 4. 密封环间隙过大,使轴向推力增大 5. 水泵排水量增加	1. 拧松填料压盖或更换填料 2. 检查泵内各旋转零件并加以修正 3. 检查平衡盘及回水管 4. 检查密封环间隙或更换 5. 调节闸阀降低流量
6	水泵内部声音反常,水泵不上水	1. 流量太大 2. 吸水管内阻力过大,吸水高度过高 3. 在吸水处有空气渗入 4. 所输送液体温度过高 5. 发生汽蚀现象	1. 调节闸阀降流量 2. 检查吸水管和底阀,降低吸水高度 3. 找查堵塞漏气处 4. 降低输送液体温度 5. 消除汽蚀现象
7	水泵振动厉害	1. 泵轴与电机轴线不在同一条中心线上 2. 地脚螺栓松动或垫片移动位置 3. 排水管固定得不好 4. 轴承间隙过大 5. 泵轴弯曲	1. 把水泵和电机的轴中心线对准 2. 紧固地脚螺栓或调整垫片位置 3. 重新固定排水管 4. 更换轴承 5. 修理调直或更换
8	轴承过热	1. 润滑脂、润滑油质量不好或油量不够 2. 水泵轴与电机轴不在一条中心线上 3. 地脚螺栓松动 4. 泵轴弯曲	1. 检查或清洗轴承体,更换润滑脂、润滑油 2. 调整使泵轴与电机轴中心对准 3. 紧固地脚螺栓 4. 修理调直或更换
9	平衡水中断,平衡室发热,电机功率增加	1. 水泵在大流量低扬程下运转 2. 平衡盘与平衡环产生研磨	1. 关小出口闸阀至泵的规定参数范围内运转 2. 拆卸平衡盘与平衡环进行检修
10	填料箱或泵壳发热	1. 长时间关闭排水闸阀使泵壳发热 2. 平衡盘歪斜或无水使平衡室发热 3. 填料箱压盖歪斜或压得太紧 4. 填料失水	1. 打开排水闸阀或停泵待冷却后再启动 2. 检查平衡盘及回水管 3. 检查调整填料箱压盖 4. 检查水封管及水封环是否堵塞

序号	故障现象	原因分析	排除方法
11	水泵启动不起	1. 叶轮与导水圈的间隙太小,摩擦阻力太大 2. 填料箱压盖歪斜或压得太紧 3. 转子窜量太大使叶轮与泵体摩擦 4. 电动机缺相 5. 启动器有故障	1. 检查叶轮与导水圈的间隙是否符合标准,然后修理 2. 调整压盖松紧 3. 转子窜量并调整 4. 检查电源及熔断器 5. 检查启动器。
12	启动时功率过大	1. 未关闭排水闸阀 2. 平衡盘不正或无水 3. 转动部分与固定部分间阻力太大 4. 电网压降太大	1. 关闭排水闸阀再启动 2. 停泵检查平衡盘间隙及回水管 3. 停泵检查转动部分与固定部分各处间隙并修理调整 4. 待电压稳定后再启动

(四)常用简易的故障诊断方法

常用简易的水泵状态监测方法主要有听诊法、触测法和观察法等。

1. 听诊法

设备正常运转时,伴随发生的声响总是具有一定的音律和节奏。只要熟悉和掌握这些正常的音律和节奏,通过人的听觉功能就能对比出设备是否出现了重、杂、怪、乱的异常噪声,以此来判断设备内部出现的松动、撞击、不平衡等隐患。例如用手锤敲打零件,听其是否发生破裂杂声,可判断有无裂纹产生。

听诊可以用螺丝刀尖(或金属棒)对准所要诊断的部位,用手握螺丝刀把,贴耳细听。这样可以滤掉一些杂音。

现在使用的电子听诊器是一种振动加速度传感器。它将设备振动状况转换成电信号并进行放大,工人用耳机监听运行设备的振动声响,以实现对声音的定性测量。通过测量同一测点、不同时期、相同转速、相同工况下的信号,并进行对比,来判断设备是否存在故障。当耳机出现清脆尖细的噪声时,说明振动频率较高,一般是尺寸相对较小的、强度相对较高的零件发生局部缺陷或微小裂纹。当耳机传出混浊低沉的噪声时,说明振动频率较低,一般是尺寸相对较大的、强度相对较低的零件发生较大的裂纹或缺陷。当耳机传出的噪声比平时增强时,说明故障正在发展,声音越大,故障越严重。当耳机传出的噪声是杂乱无规律地间歇出现时,说明有零件或部件发生了松动。

2. 触测法

用人手的触觉可以监测设备的温度、振动及间隙的变化情况。人手上的神经纤维对温度比较敏感,可以比较准确地分辨出80 ℃以内的温度。当机件温度在0 ℃左右时,手感冰凉,若触摸时间较长会产生刺骨痛感。10 ℃左右时,手感较凉,但一般能忍受。20 ℃左右时,手感稍凉,随着接触时间延长,手感渐温。30 ℃左右时,手感微温,有舒适感。40 ℃左右时,手感较热,有微烫感觉。50 ℃左右时,手感较烫,若用掌心按的时间较长,会有汗感。60 ℃左右时,手感很烫,但一般可忍受10 s长的时间。70 ℃左右时,手感烫得灼痛,一般只能忍受3 s长的时间,并且手的触摸处会很快变红。触摸时,应试触后再细触,以估计机件的温升情况。用手晃动机件可以感觉出 0.1~0.3 mm 的间隙大小。用手触摸机件可以感觉振动的强弱变化和是否产生冲击。

用配有表面热电偶探头的温度计测量滚动轴承、滑动轴承、主轴箱、电动机等机件的表面温度,具有判断热异常位置迅速、数据准确、触测过程方便的特点。

3. 观察法

人的视觉可以观察设备上的机件有无松动、裂纹及其他损伤等;可以检查润滑是否正常,有无干摩擦和跑、冒、滴、漏现象;可以查看油箱沉积物中金属磨粒的多少、大小及特点,以判断相关零件的磨损情况;可以监测设备运动是否正常,有无异常现象发生;可以观看设备上安装的各种反映设备工作状态的仪表,了解工况的变化情况,可以通过测量工具和直接观察表面状况,判断设备工作状况。把观察的各种信息进行综合分析,就能对设备是否存在故障、故障部位、故障的程度及故障的原因作出判断。通过仪器,观察从设备润滑油中收集到的磨损颗粒,实现磨损状态监测的简易方法是磁塞法。它的原理是将带有磁性的塞头插入润滑油中,收集磨损产生出来的铁质磨粒,借助读数显微镜或者直接用人眼观察磨粒的大小、数量和形状特点,判断机械零件表面的磨损程度。用磁塞法可以观察出机械零件磨损后期出现的磨粒尺寸较大的情况。观察时,若发现小颗磨粒且数量较少,说明设备运转正常;若发现大颗磨粒,就要引起重视,严密注意设备运转状态;若多次连续发现大颗磨粒,便是即将出现故障的前兆,应立即停机检查,查找故障,进行排除。

 **任务考评**

任务考评的内容及评分标准见表 1.13。

表 1.13 任务考评内容及评分标准

序 号	考核内容	考核项目	配 分	评分标准	得 分
1	D 型水泵结构	各部件结构及作用	10	错一项扣 2 分	
2	D 型水泵拆装	拆装顺序、方法及工具使用	30	错一项扣 5 分	
3	水泵完好标准	水泵完好标准内容理解	20	错一项扣 2 分	
4	水泵常见故障分析与排除方法	对假设故障分析与排除	20	错一项扣 5 分	
5	常用的简易水泵状态监测方法	听诊法、触测法、观察法	10	错一项扣 3 分	
6	遵守纪律文明操作	遵守纪律文明操作	10	错一项扣 3 分	
合计					

复习思考题

1. D 型水泵有哪些组成部分？各有何作用？
2. D 型水泵的型号意义是什么？
3. 离心式水泵平衡轴向推力的方法有哪些？
4. 离心式水泵的密封装置有哪些？
5. 离心式水泵的拆、装步骤有哪些？
6. 离心式水泵的完好标准有哪些内容？
7. 水泵的常见故障有哪些？如何分析与排除？

情境二
通风设备的操作与维护

任务一 通风设备的操作

知识点：
◆通风设备的作用
◆通风方式和通风系统
◆通风设备的组成及工作原理
技能点：
◆通风设备的启动、停止操作

任务描述

通风机是将原动机的机械能转变为气体能量的机械,广泛应用于国民经济的各个方面。在煤矿生产系统中,通风机的作用是:向井下输送足够的新鲜空气,稀释并排出有害气体,调节井下的温度和湿度,保证工人的身体健康和矿井安全生产。是矿井重要的四大固定设备之一,被誉为矿井"肺脏"。

煤矿生产是井下作业,随着工作面的推进,有毒、有害及可燃、爆炸性气体、地热会大量涌出,加之飞扬的煤尘,对人身健康和矿井安全都构成极大威胁。为了安全生产,《煤矿安全规程》对矿井通风做出了严格规定。例如:

(1)采掘工作面进风流中,氧气浓度不低于 20%;

(2)采掘工作面进风流中二氧化碳浓度不得超过 0.5%;

(3)采掘工作面空气温度不得超过 26 ℃,机电设备硐室的空气温度不能超过 30 ℃。

这些规定都是通过通风机向井下输送新鲜气流来达到的。如果通风设备不能正常运转,将直接影响井下生产的进行,甚至造成瓦斯爆炸、煤尘爆炸等重大安全事故。因此学习掌握通风机的操作与维护是非常必需的。

任务分析

(一)矿井通风方式及通风系统

为了掌握矿井通风设备的操作方法,必须先了解矿井通风方式及通风系统。

1. 矿井通风方式

矿井通风方式分为抽出式通风和压入式通风两种。

图2.1为压入式通风,即通风机的出风侧与巷道相接,通风机向井下压送新鲜空气,井下巷道的污浊气体从井口排出。在压入式通风矿井中,井下巷道的空气压力高于井外同标高点的大气压力,故称为正压通风。

图2.2为抽出式通风,即通风机的进风侧与巷道相接,通风机将井下污浊气体抽至地面排出,新鲜空气从井口进入。在抽出式通风矿井中,井下任何一点的空气压力,都小于井外同标高点的大气压力,故称为负压通风。

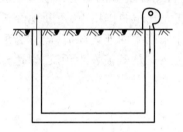

图2.1　压入式通风

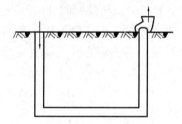

图2.2　抽出式通风

我国矿井基本都采用抽出式通风。因为这种通风方式在正常通风时,井下巷道里的压力略低于大气压,有利于煤层瓦斯的排放;而一旦通风机发生故障停止运转,井下空气压力将自行升高,抑制有害气体的涌出。

2. 矿井通风系统

矿井通风设备与通风网路组成的系统称为矿井通风系统,按进、出风井的布置方式可分为中央式、两翼对角式、混合式。

1)中央式　出风井与进风井大致位于矿井井田走向中央。中央式又分为中央并列式和中央边界式。中央并列式如图2.3(a)所示,无论沿井田走向或倾斜方向,进、出风井均并列于

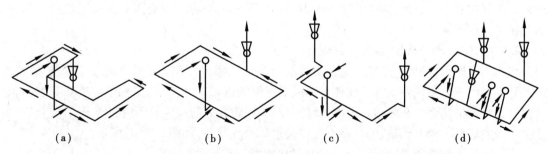

(a)　　　　　　(b)　　　　　　(c)　　　　　　(d)

图2.3　矿井通风系统示意图

(a)中央并列式;(b)中央边界式;(c)两翼对角式;(d)混合式

井田中央,且布置在同一工业广场内。中央边界式如图2.3(b)所示,进风井仍在井田中央,出风井在井田上部边界走向中央。

2)两翼对角式　进风井位于井田中央,出风井分别位于井田走向的两翼,如图2.3(c)所示。

3)混合式　井田内有两种或两种以上通风方式组成的通风系统,如图2.3(d)所示。

(二)通风设备的组成及工作原理

矿井常用的通风设备是离心式通风机和轴流式通风机。它们都属于叶片式通风机,都是利用高速旋转的叶轮来进行能量的传递和转换。

1.离心式通风机的组成及工作原理

图2.4为离心式通风机的结构简图。它主要由叶轮1、螺线形机壳4、进风口3及锥形扩散器6组成。叶轮1与轴2固定在一起,形成通风机的转子,并支承在轴承上。当叶轮1逆时针方向旋转时,叶轮1中的空气在叶片的作用下,随同叶轮一起旋转。由于叶片对空气的动力作用,使叶轮中的空气获得能量,并由叶轮中心流向外缘,最后经螺线形机壳4和锥形扩散器6排至大气中。与此同时,叶轮中心处形成负压,外部空气在大气压的作用下,不断地经进风口3进入叶轮。由于气流在这种通风机中是受到离心力的作用产生的连续风流,故称为离心式通风机。有的离心式通风机在叶轮前面安装有前导器5,使入口的气流发生预旋,以达到调整风量和风压的目的。

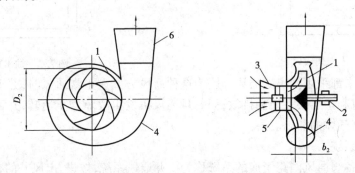

图2.4　离心式通风机结构示意图

1—叶轮;2—轴;3—进风口;4—机壳;5—前导器;6—锥形扩散器

离心式通风机有单吸离心式通风机和双吸离心式通风机两种类型。单吸离心式通风机的进风口布置在主轴的一侧,如4—72—11型、G4—73—11型等。双吸离心式通风机的进风口布置在主轴的两侧,如K—73—11型。

2.轴流式通风机的组成及工作原理

如图2.5所示,轴流式通风机主要由圆筒形外壳4、集风器5、流线体6、整流器7、扩散器8以及叶轮等组成。集风器5和流线体6构成通风机的进风口,可使气流平滑地进入,以减少流动阻力。叶轮由轮毂1和叶片2组成,叶轮与轴3固定在一起成为通风机的转子,并支撑在轴承上。当电动机驱动叶轮旋转时,就有气流通过每一个叶片,如图2.6(a)所示。

为了分析工作原理,现取一个叶片断面(机翼形)进行研究。

如图2.6(b)所示,翼形叶片上表面为凸面,下表面为凹面,两端连线与水平面的夹角为安装角θ。由于气流在同一瞬时相对流过上下表面的路程不同,所以流经较长路程的上表面的

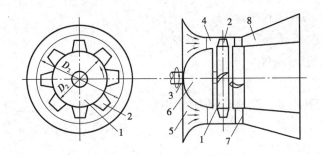

图 2.5 轴流式通风机结构示意图

1—轮毂;2—叶片;3—轴;4—外壳;5—集风器;6—流线体;7—整流器;8—扩散器

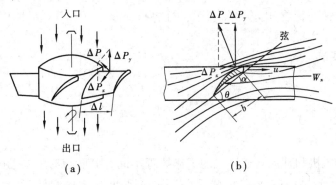

（a）   （b）

图 2.6 轴流式通风机工作原理图

气流速度比下表面大。根据伯努利方程,气流对下表面的压力大于对上表面的压力,这样叶片的上下表面就存在一个压差 ΔP。ΔP 可分解为两个分力:一个与轴平行推动叶轮向上的升力 ΔP_y,另一个与叶轮旋转方向相反的阻力 ΔP_x。因为轴流式通风机的轴端有止推轴承,限制了叶轮沿轴向移动,于是就给气流一个与 ΔP_y 大小相等方向相反的力,使气流沿轴向向下移动,从而在进风口形成负压;叶轮连续转动,气流就被连续推出。由于气流在这种通风机中是沿轴向流动,故称为轴流式通风机。

相关知识

通风机的性能参数:

1. 风量

单位时间内通风机输送的气体体积量,称为风量,用 Q 表示,单位为 $\mathrm{m^3/s}$,$\mathrm{m^3/min}$,$\mathrm{m^3/h}$。

2. 风压

单位体积的空气流经通风机后所获得的总能量,称为风压,以 H 表示,单位为 Pa。

3. 功率

1)轴功率 电动机传递给通风机轴的功率,即通风机的输入功率,用 P 表示,单位为 kW。

2)有效功率 单位时间内空气自通风机所获得的实际能量,即通风机的输出功率,用 P_x 表示。

$$P_x = \frac{QH}{1\,000} \tag{2.1}$$

式中　P_x——通风机的有效功率,kW;

　　　Q——通风机的风量,m³/s;

　　　H——通风机的风压,Pa。

4. 效率

由于通风机在运转中要产生流动损失、泄漏损失和机械损失,因此通风机的轴功率不可能全部变为有效功率。其有效功率与轴功率之比,叫做通风机的效率,用 η 表示。

$$\eta = \frac{P_x}{P} = \frac{QH}{1\,000P} \tag{2.2}$$

5. 转速

通风机轴每分钟的转数,用符号 n 表示,单位为 r/min。

 任务实施

(一)通风机的启动

1. 通风机的启动方式

由于离心式通风机和轴流式通风机的工作原理不同,因而其启动方式也有所不同。对于风压特性曲线(见任务二)没有不稳定段的离心式通风机,因其流量为零时功率最小,故应在风门完全关闭的情况下进行启动。对于风压特性曲线上有不稳定段的轴流式通风机,若由于不稳定而产生的风压波动量不大时,也可选择功率最低点为启动工况点,此时风门应半开,流量约为正常流量的30%～40%;若不稳定段使风压波动太大,也允许在全开风门情况下启动,但启动工况点应落在稳定区域内。

2. 通风机启动前的检查

通风机启动前要进行认真地检查。检查的内容有:

1)检查润滑油的名称、牌号、注油量是否符合技术文件规定;

2)检查轴承的润滑系统、密封系统、是否完好;

3)通风机机壳内、联轴器(或传动皮带)附近是否有妨碍转动的物体;

4)通风机、轴承座、电动机的地脚螺栓是否有松动;

5)将通风机转子盘动1～2次,检查转子是否有卡阻和摩擦现象;

6)检查电源及启动设备是否正常。

3. 通风机启动

通风机启动的一般顺序是:

1)关闭通风机入口风门(离心式风机)或打开通风机入口风门(轴流式风机);

2)启动润滑系统油泵;

3)启动冷却水泵或打开冷却水阀门;

4)启动通风机。

启动通风机时还要注意观察电压表、电流表、功率表、测压计等仪表,发现异常需立即停机,以免造成重大事故。

（二）通风机的停机

通风机的停机操作是启动操作的逆过程。其操作顺序如下：

1）停止通风机；

2）停润滑油泵；

3）停冷却水泵（或关闭冷却水阀）；

4）切断电源。

 任务考评

任务考评的内容及评分标准见表2.1。

表2.1　任务考评的内容及评分标准

序　号	考核内容	考评项目	配　分	评分标准	得　分
1	通风机的作用	通风机的作用	10	错一项扣2分	
2	通风方式和通风系统	通风方式和通风系统	10	错一项扣2分	
3	通风机的组成及工作原理	通风机的组成及工作原理	20	错一项扣5分	
4	通风机的启动	启动前的检查，启动的操作步骤	30	错一项扣5分	
5	通风机的停止	停止的操作步骤	20	错一项扣5分	
6	遵守纪律，文明操作	遵守纪律，文明操作	10	错一项扣5分	
合计					

复习思考题

1. 通风机的作用是什么？

2.《煤矿安全规程》对矿井通风有哪些规定？

3. 矿井通风的方式有哪些？

4. 矿井通风系统有几种？

5. 离心式通风机的组成和工作原理是什么？

6. 轴流式通风机的组成和工作原理是什么？

7. 离心式通风机和轴流式通风机的启动方式为何不同？

8. 通风机启动前应进行哪些检查？

9. 通风机启动的操作步骤如何？

10. 通风机停机的操作步骤如何？

任务二 通风设备的运行与调节

知识点：

◆通风机的性能曲线

◆通风机的类型曲线

◆通风网路曲线

◆通风机工况点的确定

◆比转数的用途

技能点：

◆通风机的运行

◆通风机的调节

 **任务描述**

由任务一的学习可知,矿井通风设备在煤矿生产中起着非常重要的作用,所以必须全天候地正常运转,并且要求能随矿井巷道的延伸、井下所需风量的变化及时调节。因此必须先学习掌握通风机的性能曲线,通风网路的特性曲线,以及两者之间的关系,和两条曲线对通风机工作的影响,然后才能理解掌握通风机的正常运行和调节方法,以便今后在工作中正确地运用这些方法。

 **任务分析**

(一)通风机的性能曲线

1.离心式通风机的性能曲线

离心式通风机的工作原理与离心式水泵完全相同,其区别仅在于前者的工作介质是空气,后者是水。水的压缩性很小,可视为不可压缩的流体;而气体虽是可压缩的,但因通风机所产生的风压很小,气体流经通风机时密度变化不大,压缩性的影响也可忽略。这样,单位体积的空气流经离心式通风机后所获得的总能量(即理论压头)计算公式与离心式水泵中的公式(1.3)相同。

即
$$H_L = \frac{u_2 c_2 \cos \alpha_2 - u_1 c_1 \cos \alpha_1}{g} = \frac{u_2 c_{2u} - u_1 c_{1u}}{g}$$

由于通风机性能参数中,空气的能量度量单元不是按每 kg 计,而是按每 m^3 气体来考虑的。因此应在上述公式中,乘以空气的重度 γ($\gamma = \rho g$),将其改写为

$$H_L = \rho(u_2 c_{2u} - u_1 c_{1u})$$ (2.3)

式中 H_L——离心式通风机的理论风压,Pa;

   ρ——空气密度,一般 $\rho = 1.2 \ kg/m^3$;

u_1 , u_2——通风机进、出口处的圆周速度，m/s；

c_{1u} , c_{2u}——通风机进、出口处的扭曲速度，m/s。

该式即为**离心式通风机的理论压头方程式**，它说明了单位体积的空气经过通风机后获得的能量与叶轮的圆周速度 u_2 , u_1 有关，还与流体的密度 ρ 及叶片弯曲的角度 α_1 , α_2 有关。在实际工作中，因叶片弯曲的角度 α_1 , α_2 无法改变，我们就通过改变叶轮的圆周速度 u_2 , u_1 来使空气获得更大的能量（见比例定律）。当流体的密度 ρ 发生变化时，会引起通风机风压的变化，这是和水泵不同的地方。

当通风机无前导器时，其进口气流的绝对速度为径向，即 $\alpha_1 = 90°$，$c_{1u} = 0$。此时，离心式通风机的理论压头方程式变为

$$H_L = \rho u_2 c_{2u} \qquad (2.4)$$

上述理论压头方程式在分析推导时没有考虑气流与叶轮之间的各种阻力损失，所以常用于理论分析。从理论风压线中，扣除叶片数目为有限多和水力损失（摩擦损失、冲击损失）对压头的影响，便得离心式通风机的个体特性曲线图，形状如图 2.7 所示。具体到确定型号的风机，其特性曲线则由厂家试验求得，并提供在说明书中。

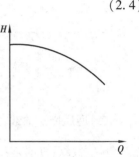

图 2.7　后弯离心式通风机的实际个体特性曲线图

2. 轴流式通风机的性能曲线

根据理论分析得到，轴流式通风机的理论压头特性方程为：

$$H_L = \rho u (c_{2u} - c_{1u}) \qquad (2.5)$$

式中　H_L——轴流式通风机的理论压头，Pa；

　　　ρ——输送流体的密度，对于空气 $\rho = 1.2$ kg/m^3；

　　　u——叶轮的圆周速度，m/s；

　　　c_{1u} , c_{2u}——通风机进、出口处的扭曲速度，m/s。

当叶轮前没有前导器时，则气流进入叶轮时的绝对速度是沿轴向的，即 $c_{1u} = 0$，故有

$$H_L = \rho u c_{2u} \qquad (2.6)$$

上述两式说明轴流式通风机的理论压头与输送流体的密度 ρ、叶轮的圆周速度 u 以及气流在叶轮进、出口处的扭曲速度有关。当改变叶轮的圆周速度 u 或改变气流在叶轮进、出口处的扭曲速度 c_{1u} 和 c_{2u} 时，轴流式通风机的理论压头 H_L 会随之改变。

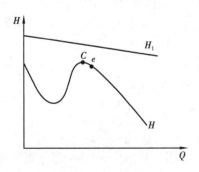

图 2.8　轴流式通风机理论和实际风压特性曲线

由于上述理论压头方程式在分析推导时没有考虑气流与叶轮之间的各种阻力损失，所以常用于理论分析。从理论风压线中，扣除因失速、脱流和能量损失（摩擦损失、冲击损失）等对压头的影响，便得轴流式通风机的实际特性曲线图，其形状如图 2.8 所示。对每一确定型号的风机，其特性曲线则由厂家试验求得，并提供在说明书中。

由图 2.8 可看出，轴流式通风机的实际特性曲线图为一条驼峰状的曲线，在峰顶 C 点的左边为不稳定工作区。当通风机工作在此区域时，会发生喘振啸叫。因此应避开在此区域工作。这就是为什么轴流式通风机要半开或全开风门启动的原因。

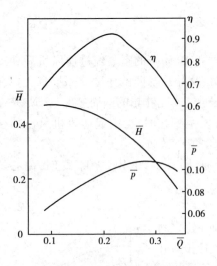

图 2.9　离心式通风机类型特性曲线

3. 通风机的类型曲线

凡满足相似条件的通风机,便称为同系列或同类型风机。同类型风机必有其共同特性。反映同类型风机共同特性的曲线称为类型特性曲线。它是以无量纲的流量系数 $\overline{Q}$ 为横坐标,风压系数 $\overline{H}$、功率系数 $\overline{P}$、效率 η 为纵坐标绘制出来的,故又称为无因次曲线,如图 2.9 所示。

类型特性曲线的作用有:

(1)推算该类型通风机任意机号(包括新机号)的性能数据,而不需要再进行实验验证;

(2)比较不同类型通风机的性能;

(3)方便地选取最有利的通风机;

(4)利用该曲线可以方便地算出通风机性能规格表以外的性能数据。

(二)通风网路曲线

每一台通风机都是和一定的通风网路连接在一起进行工作的。气流在网路中流动时,因克服网路中的各种阻力需要消耗能量,而通风机则是给空气提供能量补给的设备,因此,通风机的工作状态不仅决定于通风机本身,同时决定于网路的各种参数(如长度、截面等),所以有必要对通风机在网路上的工作进行分析研究。

1. 通风机在网路上的工作分析

通风机在网路上工作的示意图如图 2.10 所示。根据伯努利方程式可得,单位体积的气体在Ⅰ-Ⅰ和Ⅱ-Ⅱ断面上的能量关系为

$$p_a = p_2 + \rho \times \frac{v_2^2}{2} + h \qquad (2.7)$$

单位体积的气体在Ⅱ-Ⅱ和Ⅲ-Ⅲ断面上的能量关系为

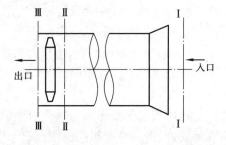

图 2.10　通风机在网路上的工作示意图

$$p_2 + \rho \times \frac{v_2^2}{2} + H = p_a + \rho \times \frac{v_3^2}{2} \qquad (2.8)$$

联立式(2.7)和式(2.8)求得

$$H = \left(p_a + \rho \times \frac{v_3^2}{2}\right) - (p_a - h) = \rho \times \frac{v_3^2}{2} + h \qquad (2.9)$$

式中　H——通风机产生的风压,Pa;

　　　h——通风网路阻力,N。

由式(2.9)可以看出:通风机产生的风压 H,一部分用于克服网路阻力 h,另一部分则消耗在空气排入大气时的速度能 $\rho v_3^2/2$ 的损失上。通常,将通风机产生的全部风压 H 称为全压,用于克服网路阻力的有益风压称为静压,用 H_j 表示,即 $H_j = h$。

由式(2.7)知:

$$H_j = h = (p_a - p_2) - \rho \times \frac{v_2^2}{2} \qquad (2.10)$$

式(2.10)表明通风机产生的静压等于通风机入口断面的负压$(p_a - p_2)$与该断面的速度能$\rho v_2^2/2$之差。

通风机出口断面的速度能$\rho v_3^2/2$称为动压,用H_d表示。即$H_d = \rho v_3^2/2$

于是有

$$H = H_j + H_d = h + \rho \times \frac{v_3^2}{2} \qquad (2.11)$$

上述两式表明,通风机产生的全压包括静压和动压两部分,静压所占比例越大,这台通风机克服网路阻力的能力也就越大。因此,在设计和使用通风机时,应努力提高通风机产生静压的能力。同时,应尽量减少动压,即降低出口速度v_3。

若用静压H_j代替效率公式(2.2)中的全压H,所得的效率称为通风机的静压效率η_j。

$$\eta_j = \frac{p_x}{p} = \frac{QH_j}{1\ 000p} \qquad (2.12)$$

2. 网路特性曲线和等积孔

1)网路特性曲线

由公式(2.9)可以看知:通风机产生的风压H,一部分用于克服网路阻力h,另一部分则消耗在空气排入大气时的速度能$\rho v_3^2/2$的损失上。而网路阻力h又包括沿程阻力和局部阻力,即

$$h = \left(\frac{\sum \lambda L}{d} + \sum \xi\right) \times \rho \times \frac{Q^2}{2S_3^2} = R_j Q^2 \qquad (2.13)$$

式中　λ——网路沿程阻力系数,查表或手册;

　　　L——网路直线段长度,m;

　　　d——网路直线段直径,m;

　　　ξ——网路局部阻力系数,查表或手册;

　　　S_3——网路出口断面积,m²;

　　　Q——风量,m³/s;

　　　R_j—网路静阻力损失常数,Pa·s²/m⁶。

空气排入大气时的速度能$\rho v_3^2/2$损失又可表示为:

$$\rho \times \frac{v_3^2}{2} = \rho \times \frac{Q^2}{2S_3^2} \qquad (2.14)$$

将式(2.13)、式(2.14)代入式(2.9)得

$$H = \left(R_j + \frac{\rho}{2S_3^2}\right) \times Q^2 = RQ^2 \qquad (2.15)$$

式中　R——网路总阻力损失常数,Pa·s²/m⁶。

式(2.13)和式(2.15)分别为通风网路的静阻力特性方程和总阻力特性方程。将它们画在以Q为横坐标、H为纵横坐标的坐标系中,即得通风网路的静阻力特性曲线和总阻力特性曲线,如图2.11所示。

2)等积孔

在研究通风网路的阻力时,为了在概念上更形象化,有时采用网路等积孔来代替网路

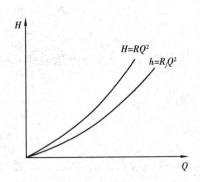

图 2.11　通风网路的特性曲线

风阻。

所谓等积孔就是设想在薄壁上开一面积为 A_c 的理想孔口,流过该孔口的流量等于网路的风量,孔口两侧的压差等于网路的阻力。

由流体力学知,流过薄壁孔口的流量为

$$Q = \mu A_c \sqrt{\frac{2h}{\rho}} \qquad (2.16)$$

式中　Q——流过薄壁孔口的流量,$\mathrm{m^3/s}$;

　　　μ——流量系数,一般取 0.65;

　　　A_c——孔口面积,$\mathrm{m^2}$;

　　　h——孔口两侧的压差,Pa;

　　　ρ——通过孔口的介质密度,$\mathrm{kg/m^3}$。

将 μ 值和标准状况下的空气密度值 $\rho = 1.2~\mathrm{kg/m^3}$ 代入上式,并令 Q 和 h 分别为网路的风量和阻力,即可解得该网路的等积孔面积为

$$A_c = \frac{1.19Q}{\sqrt{h}} \qquad (2.17)$$

或

$$h = \frac{1.42Q^2}{A_c^2} \qquad (2.18)$$

显然,式(2.18)中的 $1.42/A_c^2$ 相当于式(2.13)中的网路静阻力损失常数 R_j。当网路风量一定时,等积孔面积越大,网路阻力越小,则通风越容易;反之,等积孔面积越小,网路阻力越大,则通风越困难。可见,利用等积孔的概念,来判断和比较矿井通风网路阻力的大小及通风的难易程度简便易行,为矿井常用方法。

(三)通风机的工况点和工业利用区

1.通风机的工况点

如前所述,每一台通风机都是和一定的网路连接在一起进行工作的。此时通风机所产生的风量,就是网路中流过的风量,通风机所产生的风压,就是网路所需要的风压。所以,将通风机的特性曲线与网路特性曲线,按同一比例尺画在同一坐标图上所得的交点 M,即为通风机的工况点。工况点 M 所对应的各项参数,称为工况参数,分别以 Q_M、H_M、P_M、η_M、n_M 表示。

1)离心式通风机的工况点

通常,在离心式通风机的产品说明书中,只给出了全压特性曲线,因此在确定工况点时,应按式(2.15)画出网路的总阻力特性曲线,与风机的全压特性曲线相交,此时得到的工况点称为全压工况,以 M 表示;从通风机的全压特性曲线中扣除动压,可获得通风机的静压特性曲线,然后按式(2.13)画出网路的静阻力特性曲线,与风机的静压特性曲线相交,此时得到的工况点称为静压工况,以 M_j 表示。如图2.12所示,全压工况点和静压工况点流量相等,M 的位置略高于 M_j。

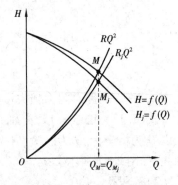

图 2.12　离心式通风机工况点

2)轴流式通风机的工况点

对于轴流式通风机,厂家提供的曲线是静压特性曲线,因此网路特性亦应采用静阻力特性曲线,直接获得静压工况点 M_j。

2. 工业利用区

划定工业利用区的目的,是为了保证通风机工作的经济性。通风机不仅功率大,且长时运转,因此耗电多。为保证工作的经济性,对效率必须有一定要求。一般规定工况点静效率应大于或等于通风机最大静效率的 0.8 倍,并且最小不得低于 0.6,即经济工作条件为

$$\eta_{M_j} \geqslant 0.8\eta_{j\max} \text{且} \ \eta_{M_j} \geqslant 0.6 \tag{2.19}$$

根据式(2.19),可以在通风机的特性曲线上,找到一个满足经济工作条件的范围,此范围就称为通风机的工业利用区。

离心式通风机的工业利用区如图 2.13 中的阴影部分。

轴流式通风机的工业利用区如图 2.14 中的阴影部分。$ABCD$ 线为静效率等于 0.6 时的等效率曲线(由效率相等的点所构成的曲线)。

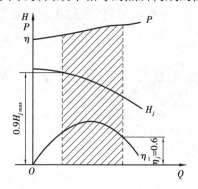
图 2.13　离心式通风机的工业利用区

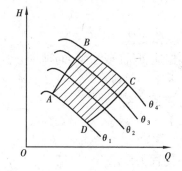
图 2.14　轴流式通风机的工业利用区

 相关知识

(一)相似原理

厂家生产的及工程上使用的通风机(或水泵)有各种不同的尺寸和转速。对于不同尺寸和转速的通风机(或水泵),其工作参数各不相同。但是,彼此相似的通风机(或水泵),其相应工况参数之间存在着一定的关系,这种关系对于通风机(或水泵)的制造和使用有着重要的意义。

1. 相似条件

设有某两台离心式通风机(或水泵),若它们相似,则必须满足以下条件:

1)几何相似

若叶轮及过流部件的几何形状相同,对应尺寸的比值为一常数 λ,对应的同名角相等,则这两台通风机(或水泵)称为几何相似,即

$$\frac{D_1}{D_1'} = \frac{D_2}{D_2'} = \frac{b_1}{b_1'} = \frac{b_2}{b_2'} = \lambda \qquad \alpha_1 = \alpha_1' \quad \alpha_2 = \alpha_2' \tag{2.20}$$

2)运动相似

在几何相似的两台通风机(或水泵)中,若其对应点的流体速度的比值为一常数,速度之间对应的角度相等,即彼此相似的通风机(或水泵)中各对应点处的速度三角形相似,则这两台通风机(或水泵)称为运动相似,即

$$\frac{\omega_1}{\omega_1'}=\frac{u_1}{u_1'}=\frac{c_1}{c_1'}=\frac{\omega_2}{\omega_2'}=\frac{u_2}{u_2'}=\frac{c_2}{c_2'} \qquad \alpha_1=\alpha_1' \quad \alpha_2=\alpha_2' \tag{2.21}$$

几何相似是运动相似的先决条件,没有几何相似就没有运动相似。但几何相似不一定就运动相似,只有当在相应工况时才能运动相似,这是因为不同工况时的速度三角形不同。

3)动力相似

若作用在两台通风机(或水泵)相应点处液体上的同名力(如惯性力、压力、黏性力、重力)的比值相等,则这两台通风机(或水泵)称为动力相似。在动力相似的条件下,彼此的效率接近,可以认为$\eta=\eta'$。

满足上面3个相似条件的两台通风机(或水泵),称为相似风机(或水泵)。但是,要满足这3个条件是很困难的,甚至是不可能的。所以,相似风机(或水泵)仅仅是从相对意义上来说的。

2. 相似定律

根据通风机(或水泵)的理论分析知,彼此相似的通风机(或水泵),在相应工况下的参数间存在着下列关系:

1)流量关系

$$\frac{Q}{Q'}=\lambda^3\times\frac{n}{n'} \tag{2.22}$$

2)扬程关系

$$\frac{H}{H'}=\lambda^2\times\left(\frac{n}{n'}\right)^2 \tag{2.23}$$

3)功率关系

$$\frac{p}{p'}=\lambda^5\times\left(\frac{n}{n'}\right)^3\times\frac{\rho}{\rho'}\times\frac{\eta}{\eta'} \tag{2.24}$$

式(2.22)、式(2.23)和式(2.24)表示了彼此相似的通风机(或水泵)工作在相似工况时,其参数间的关系,称为**相似定律**。

对于同一台通风机(或水泵)或两台对应尺寸相等的相似风机(或水泵),其效率相等,若所排送流体密度也相等,则上述3个公式可简化为

$$\frac{Q}{Q'}=\frac{n}{n'}$$

$$\frac{H}{H'}=\left(\frac{n}{n'}\right)^2$$

$$\frac{p}{p'}=\left(\frac{n}{n'}\right)^3$$

即水泵中讲过的比例定律。该定律对通风机仍然适用。

例2.1 已知一离心式通风机,在转速$n=900$ r/min 时,流量$Q=6\,400$ m³/h,全压$H=40$ mmH$_2$O,功率$P=0.766$ kW。当转速增加为$n'=1\,600$ r/min 时,求该通风机的流量Q'、全

压 H'、功率 P' 是多少?

解 由比例定律得

$$Q' = \frac{Qn'}{n} = 6\,400 \times \frac{1\,600}{900} = 11\,378 \text{ m}^3/\text{h}$$

$$H' = H\left(\frac{n'}{n}\right)^2 = 40 \times \left(\frac{1\,600}{900}\right)^2 = 126 \text{ mmH}_2\text{O}$$

$$p' = p \times \left(\frac{n'}{n}\right)^3 = 0.766 \times \left(\frac{1\,600}{900}\right)^3 = 4.3 \text{ kw}$$

由例题可看出,当通风机的转速变化时,其性能参数也会随之变化。在工作中可以通过改变通风机的转速来调节其风量、风压,以满足生产的需要。

(二)比转数

比转数是通风机(水泵)常用到的一个重要参数,它是根据相似原理推导而得的。若两台相似风机(水泵)在相应工况下工作,由相似定律公式可得其工况参数间的关系为

$$\frac{nQ^{\frac{1}{2}}}{H^{\frac{3}{4}}} = \frac{n'Q'^{\frac{1}{2}}}{H'^{\frac{3}{4}}} = 常数 \tag{2.25}$$

式(2.25)说明,对于两台相似的通风机(水泵),在相应工况下的性能参数的计算结果应相等,并等于某个常数。该常数就称为比转数。

对于通风机,我国规定为:通风机的比转数在数值上等于几何相似的通风机在全压 $H = 1$ Pa,$Q = 1$ m/s 时的转速 n,并用 n_s 表示。

即

$$n_s = \frac{nQ^{\frac{1}{2}}}{H^{\frac{3}{4}}} = \frac{n'Q'^{\frac{1}{2}}}{H'^{\frac{3}{4}}} \tag{2.26}$$

对于水泵,我国规定为:水泵的比转数在数值上等于几何相似的水泵在扬程 $H = 1$ m,$Q = 0.075$ m³/s 时的转速 n。

即

$$n_s = 3.65n \times 0.075^{\frac{1}{2}}/1^{\frac{1}{4}} = 3.65 \times 0.274n = n$$

计算中乘以 3.65 是为了使比转数 n_s 能够满足规定。所以水泵的比转数为

$$n_s = \frac{3.65nQ^{\frac{1}{2}}}{H^{\frac{3}{4}}} = \frac{3.65n'Q'^{\frac{1}{2}}}{H'^{\frac{3}{4}}} \tag{2.27}$$

应当指出:**比转数并不具有转速的物理概念。它是由相似条件得出的一个综合性参数。**保持相似的两台风机(水泵)比转数相等;然而,两台风机(水泵)比转数相等却不一定相似。比转数随运行工况而变化,一般所指的比转数是按风机(水泵)最高效率点或额定工况点的参数计算的。另外,公式中的流量 Q 和风压(扬程)H 是对单吸单级叶轮而言的,若是双吸叶轮,则应用 $Q/2$ 代入公式;若是多级叶轮,则应用总风压(扬程)除以叶轮级数代入公式。

比转数 n_s 反映了以下几个方面的规律:

(1)反映了某系列离心式风机(水泵)在性能参数上的特点。比转数大,表示其流量大而风压(扬程)小;反之,则表示流量小而风压(扬程)大。

(2)反映了某系列离心式风机(水泵)在构造上的特点。比转数大的离心式风机(水泵),叶轮进口直径 D_1 和出口宽度 b_2 较大,而叶轮出口直径 D_2 较小,即叶轮厚而小;反之,叶轮薄

而大。因此,比转数 n_s 的大小与叶轮的形状有一定的关系。故可以按比转数的大小进行离心式风机(水泵)的分类。

(3)另外,比转数还可以作为设计新型水泵的依据。在进行机器的相似设计时,可选择一台比转数相等或接近的机器作为模型机器,再将模型机器的几何尺寸按比例放大或缩小,得到新机器的几何尺寸。

任务实施

(一)通风机的运行

通风机在正常运行中,主要靠监视通风机的电流表、电压表、功率表、测压计等仪表的指示来监视通风机的负荷及运行状况。其次要经常检查通风机的振动、轴承温度、润滑及冷却系统的运行状况,并按规定做好记录。

在正常运行中,每隔 $10 \sim 20$ min 检查一次电动机和通风机的轴承温度,电动机和励磁机的温度,以及 U 形压差计、电流表、功率因数表的读数。如遇下列情况应立即停机。

1)发现通风机有强烈振动和噪音(通风机允许的振幅值见表 2.2);
2)滑动轴承温度超过 70 ℃,滚动轴承温度超过 80 ℃,或轴承冒烟;
3)冷却水中断;
4)电动机冒烟。

表 2.2　通风机允许的振幅值

转子转速/$(r \cdot min^{-1})$	≤500	>500 ~ 750	>750 ~ 1 000	>1 000 ~ 1 500	>1 500 ~ 3 000
正常振幅值/mm	≤0.20	≤0.14	≤0.10	≤0.08	≤0.05

(二)通风机的调节

随着矿井开采的进行,网路阻力将不断增加,但所需风量在各个时期或要求保持不变,或要求有所增加。因此,通风机的工况点必须根据实际需要和稳定、经济条件,进行必要的调节。调节通机工况点的途径有两条:一是改变网路特性曲线;二是改变通风机特性曲线。

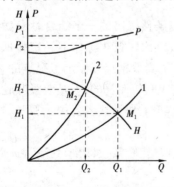

图 2.15　闸门节流调节

1.改变网路特性曲线

在通风机吸风道上都装有调节闸门。用适当改变闸门开度大小的方法来改变网路阻力,以达到调节风量、风压的目的。这种方法称为闸门节流法。

如图 2.15 所示,开采初期和末期的网路特性曲线分别用 1 和 2 表示。在开采初期,如不进行调整,通风机将在工况点 M_1 工作,送入井下的风量 Q_1 比矿井所需的风量 Q_2 大得多,因此多消耗功率 $P_1 - P_2$。为节省电能,可先将调节闸门适当关小,使网路特性曲线由 1 变为 2,通风机在工况点 M_2 工作。随着巷道的延伸,网路阻力将不断增加,再将闸门逐渐开大，使网路特性曲线始终对应于曲线 2，以保持通风机的供风量等于矿井所需的风量 Q_2。

这种调节方法设备简单、调节方便，但从图中可看出，$H_2 > H_1$，即调节后的风压大于调节前的风压，$\Delta H = H_2 - H_1 > 0$。ΔH 是人为增加的闸门阻力，由此引起的 $\Delta P = \Delta H Q_2$ 是无用的能量损失，所以这是一种不经济的调节方法，只能作为一种暂时的应急方法使用。

2. 改变通风机的特性曲线

1）改变叶轮转速调节法

由比例定律知，当通风机的转速变化时，其特性曲线将相应地上下移动。

如图 2.16 所示。曲线 1，2，3，4 分别为开采初期、中期和末期网路特性曲线。在矿井开采初期，网路特性曲线为 1，通风机若以最大转速 n_{max} 运转，所产生的风量 Q_1 将大大超过矿井所需的风量 Q_2。为了避免浪费，通风机先以最小转速 n_{min} 运行。此时，通风机特性曲线为 5，工况点为 Ⅰ，风量为 Q_2。随着时间的推移，网路阻力逐渐增大，网路特性曲线变为 2，工况点将左移变为 Ⅱ，风量将减小。为了不使风量减小，必须将通风机的转速由 n_{min} 增加到 n_1，使通风机特性曲线由 5 变为 6，工况点由 Ⅱ 变为 Ⅲ，以保证风量为 Q_2。随着时间的继续推移，网路阻力继续

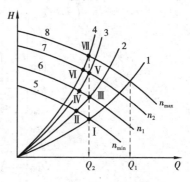

图 2.16 改变叶轮转速调节法

增大，网路特性曲线变为 3，4，依次调节通风机转速为 n_2，n_{max}，使工况点由 Ⅲ→Ⅳ→Ⅴ→Ⅵ→Ⅶ。始终保持风量为 Q_2。

改变通风机转速的方法有以下几种：

（1）用三角带传动的通风机，可更换不同直径的带轮来改变通风机的转速。这种方法简单易行，但只有部分小功率的离心式通风机才使用三角带传动。

（2）更换不同转速的电动机或采用多速电动机来改变通风机的转速。这种方法适用于轴流式通风机和直联的离心式通风机。但应注意叶轮的圆周速度不能大于允许值。

（3）采用绕线式感应电动机的通风机，用串激的方法来改变通风机转速，这是一个比较好的方法。它把转差功率大部分反馈到电网，因而可以节约电能。其缺点是功率因数较低，调速范围不宜过大，使用维护技术也比较复杂。此法在国内早已应用，但未得到推广。

（4）采用液力耦合器传动，以改变通风机转速。这种方法的特点是因液力传动具有一套比较复杂的油、水系统，增加了运行维护工作量；随着转差率的增大，转差率损耗也越大。此法目前在国内应用不多。

（5）采用齿轮变速器来调整通风机的转速。这种方法需增加一套变速箱，而且调速也是有级的，运行维护比较复杂，但传动功率比较高。国内目前尚未开始应用此法。

（6）采用同步（包括异步）电动机的风机，用变频的方法调速，即用变频器对同步电动机输入不同频率的电源，从而达到调速的目的。这种方法效率高，调速范围广，可从 2:1 到 10:1。精度也高，是比较理想的调速方法。目前已在矿井通风系统中推广。

2）前导器调节法

由式（2.3）和式（2.5）知，离心式通风机和轴流式通风机的理论风压与通风机入口处的扭曲速度 c_{1u} 的大小有关。当 c_{1u} 的方向与叶轮旋转方向一致时，c_{1u} 本身为正，但前面有负号，故

使风压减小;反之,c_{1u}为负,使风压增加。根据这个道理,可在离心式或轴流式通风机的入口处加一个预旋空气的前导器,以调整通风机的性能。

离心式通风机的前导器,是由若干均布在风机进风管中的扇形叶片组成的,每个叶片可以同时绕自身轴旋转,旋转的方向和角度,由装在外壳上的操作手柄控制。这样就可以在不停机的情况下进行调节。

当前导器叶片角为负值(朝叶轮旋转方向转动)时,经过它的气流朝叶轮旋转方向旋转,形成$-c_{1u}$,而且角度越大,负旋绕越强,根据式(2.3),此时风压将降低。这可由图2.17中角度分别等于$-6°$、$-25°$、$-40°$、$-55°$和$-70°$时的特性看出。

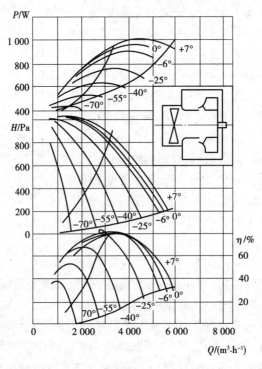

图2.17 利用前导器调节离心式风机特性

当前导器叶片角度为正值(逆叶轮旋转方向转动)时,经过它的气流朝相反的方向旋转,形成$+c_{1u}$。根据式(2.3),此时风压上升。图中角度为$+7°$时的特性表明了这种情况。

装有前导器的两级轴流式风机,如图2.18所示。前导器不随叶轮转动,它的叶片可制成弧形或机翼形,每个叶片可以同时调节到需要的角度。前导器叶片有两种可调形式:一种是轴向的,如图2.19(a)所示,可以左右偏转,产生反转向或顺转向旋绕;另一种是只能单向偏转的,如图2.19(b)、(c)所示。前导器角度不同,风压特性也不同。图2.20表示这种变化情况,c_{1u}产生时,风压下降,最高效率也有所下降。

用前导器调节工况时,通风机效率略有降低。它的经济性不及改变转速调节法,但优于闸门节流法。这种调节方法结构简单,操作方便,使用可靠,因此,作为辅助调节措施在通风机调节中得到广泛应用。

3)改变叶轮叶片安装角度调节法

对于轴流式风机,当改变叶轮叶片安装角时,气流出口相对速度w_2和气流角β_2都要发生

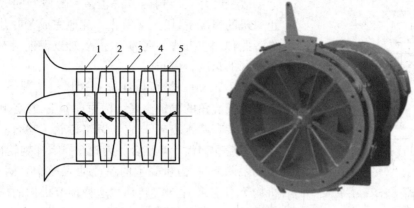

图2.18　带前导器的两级轴流式风机示意图

1—前导器;2—第一级叶轮;3—中导叶轮;4—第二级叶轮;5—后导叶轮

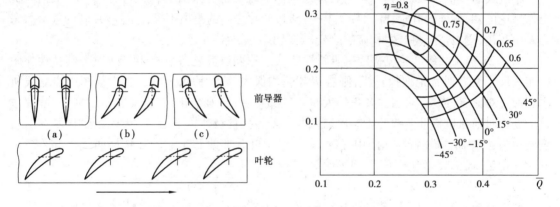

图2.19　各种形式的前导器

（a）轴向;（b）反转向旋绕;（c）顺转向旋绕

图2.20　前导器各种角度时的轴流风机特性

变化,出口旋绕速度 c_{2u} 也随之变化。安装角越大,β_2 也越大,c_{2u} 增加越多,通风机产生的风压就越高;反之,风压越低。所以这种调节方法实质上是改变通风机的特性曲线,其调节过程如图2.21所示。

图中曲线1,2,3,4分别为开采初期、中期和末期的网路特性曲线。在矿井开采初期,叶片可在安装角 θ_1 的位置工作,其工况点为Ⅰ,风量为 Q。随着开采的进行,网路阻力逐渐增大,网路特性曲线变为2,工况点将左移变为Ⅱ,风量将减小。为了不使风量减小,可将叶片的安装角

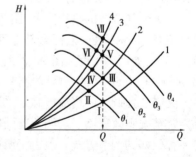

图2.21　改变叶轮叶片安装角调节法

由 θ_1 调整为 θ_2,工况点将由Ⅱ变为Ⅲ,以保持风量为 Q。随着开采的继续进行,网路阻力继续增大,网路特性曲线由2变为3,4,则依次调节叶片的安装角 θ_2 调整为 θ_3,θ_4,工况点将由Ⅲ变为Ⅲ→Ⅳ→Ⅴ→Ⅵ,最后移至Ⅶ,以保持风量为 Q。

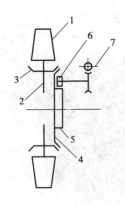

图 2.22　同时转动各叶片角度的机构
1—叶片;2—叶柄;3,4—圆锥齿轮;
5,6—圆柱齿轮;7—蜗杆传动机构

改变叶片安装角的方法很多。最原始的方法是在停止风机的情况下,用人工一片一片地完成各叶片的调节工作。此种调节方法存在的问题是,难以保证所有叶片都调到相同的角度,且费时。

图 2.22 是一种可以在停止通风机情况下,同时调节各叶片安装角的机构。其结构原理如下:在各叶片 1 的叶柄 2 上装有圆锥齿轮 3,它与圆锥齿轮 4 啮合。后者装有圆柱齿轮 5 与齿轮 6 啮合。齿轮 6 靠蜗杆蜗轮传动机构 7 传动。调节时,由机壳上的窗孔伸入操作手柄,转动蜗杆机构 7,使各叶片同时转动。这种调节机构的优点是可以保证各叶片角度相同。

除此之外,还有一种液压自动调节机构,可以在风机运转过程中实现高精度的自动调节,但系统复杂,投资高。在大型发电机组中应用较多。

4)改变叶片数目调节法

轴流式通风机,可以将其叶轮上的叶片对称地取掉部分来对其特性进行调节。根据风机工作理论可知,相同的叶轮,叶片数目不一样时,叶片之间的距离不等,通过叶片间的气流状态会发生变化,受力情况将产生相应的改变,表现出不同的特性。

图 2.23 为某两级叶轮风机的风机特性曲线。原两级叶轮各装有 14 支叶片,其特性如图中实线所示。若对称地取掉一半,则各级叶轮均保留 7 支叶片,此时的特性如图中点划线所示。通过对比,可以看出:当安装角较大时,特性曲线有明显变化,随着安装角的减小,叶片数目的变化对通风机特性曲线的影响逐渐减弱。若保持首级叶轮不动,只减少次级叶轮叶片,其安装角为 45°时的风压特性如图中虚线,它介于全叶片曲线和半数叶片特性曲线之间。减少叶片数目后,风机效率有所下降,但不明显。

5)各种调节方法比较

改变前导器叶片角度调节的机构比较简单,可以在不停止风机的情况下完成操作,通常只能达到有级调节的目的,在网路特性不变的情况下调节时,效率有所变化。由于调节范围比较窄,较为适宜作为其他有级调节的补充。

有级变速调节的机构简单,调节范围较宽,但必须在停机时操作。在网路特性不变的情况下调节时,效率不变。若配合其他可以在不停机时完成操作的调节机构,可弥补各级之间的调节空挡,增加可调密度。图 2.24 所示为有级调速配合前导器联合调节时的特性。由图可看出,$n = 600$ r/min 时,用前导器调节可填补它与 $n = 575$ r/min 之间的空挡。

无级变速调节的当前措施是采用串激调速系统,可以在不停机的情况下完成调节工作,网路定常情况下效率不变。调节范围较宽,在可调范围内,可以得到覆盖全部范围的特性曲线,是一种较好的调节方式。但由于调速系统的价格昂贵,且调速系统的调速比较受限制,故使用范围亦有限。

停机调节叶片安装角的机构简单,理论上可以实现无级调节,但由于必须停机操作,实际上只能做到有级调节,调节范围较宽,调节中效率有所变化。这种调节方法是矿井轴流式通风机普遍采用的方法。

动叶调节安装角的调节机构比较复杂,可在不停机的情况下完成操作并实现无级调节;调

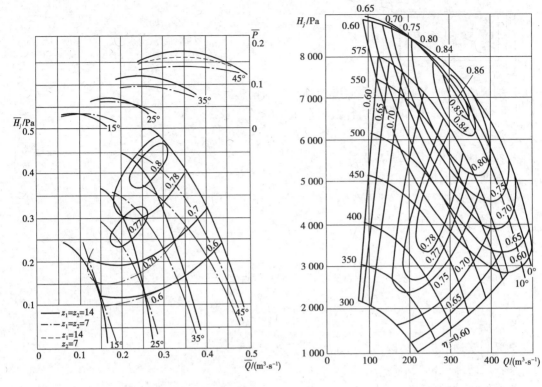

图 2.23　改变轴流风机叶片数目调节特性　　　图 2.24　有级调速与前导器联合调节
　　　　　　　　　　　　　　　　　　　　　　　　离心式风机的特性

节范围广,而且可以得到覆盖全调节范围的特性,调节时效率有所变化。采用这种机构便于实现自动化。

 **任务考评**

任务考评的内容及评分标准见表 2.3。

表 2.3　任务考评的内容及评分标准

序　号	考评内容	考评项目	配　分	考评标准	得　分
1	通风机风压测定	U 形管测风压	15	错一项扣 5 分	
2	通风机的工况点确定	求解工况点的方法	20	错一项扣 5 分	
3	通风机的调节方法	闸门节流法	10	错一项扣 5 分	
		变速调节法	15	错一项扣 5 分	
		改变前导器叶片调节法	15	错一项扣 5 分	
		改变叶片安装角调节法	15	错一项扣 5 分	
4	遵守纪律、文明操作	遵守纪律、文明操作	10	错一项扣 5 分	
合计					

复习思考题

1. 通风机所产生的风压主要取决于哪几个因素？
2. 什么叫静压，什么叫动压，什么叫全压？
3. 通风网络阻力曲线取决于哪几个因素？
4. 什么叫通风机的工况点？
5. 如何求得通风机的工况点？
6. 为什么要进行工况点调节？
7. 工况点调节的方法有哪些？

任务三　通风设备的维护与故障处理

知识点：

◆离心式通风机的结构
◆轴流式通风机的结构
◆通风机的反风装置

技能点：

◆通风机的维护
◆通风机的故障处理

 任务描述

为了使通风设备能够稳定、高效地工作，就要学习掌握离心式通风机和轴流式通风机的结构，按规定对其进行日常的维护保养，以减少故障的发生。当设备出现故障时，能够运用所学知识正确地分析故障的原因，找到解决处理的方法，迅速进行修复，尽量减少对生产造成的影响和损失。这就是本任务要达到的目的。

 任务分析

（一）离心式通风机的结构

离心式通风机一般由机壳、进风口集流器、叶轮和传动轴等组成，如图 2.25 所示。

1. 叶轮

叶轮是离心式通风机的关键部件，它由前盘、后盘、叶片和轮毂等零件焊接或铆接而成。前盘的几何形状有平前盘、锥形前盘和弧形前盘等几种，如图 2.26 所示。平前盘叶轮因气流进入叶道时转弯过急，因此损失较大；但叶轮制造工艺简单。弧形前盘叶轮因气流流动无突变,损失小,效率较高,但制造工艺较复杂。锥形前盘叶轮的效率、工艺性均居中。根据叶片出口安装角不同,叶片可分为前弯、径向和后弯 3 种。大型通风机均采用后弯叶片,出口安装角为 $15° \sim 72°$。

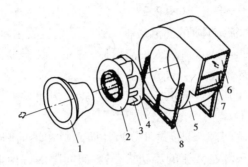

图 2.25　离心式风机主要结构分解示意图
1—吸入口;2—叶轮前盘;3—叶片;4—后盘;
5—机壳;6—出口;7—截流板,即风舌;8—支架

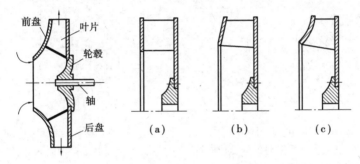

图 2.26　叶轮结构及前盘形式
(a)平前盘;(b)锥形前盘;(c)弧形前盘

叶片的形状大致可分为平板形、圆弧形和机翼形几种。新型风机多为机翼形,叶片数目一般为 6～10 片。我国生产的 4—72 型和 4—73 型离心式通风机采用弧形前盘和机翼形后弯叶片,叶片出口安装角为 $15° \sim 45°$,叶片数目为 10 片左右。

2. 集流器

离心式通风机一般均装有进风口集流器(也称集风器),它的作用是保证气流均匀、平稳地进入叶轮进口,减少流动损失和降低进口涡流噪声。集流器的结构型式如图 2.27 所示。

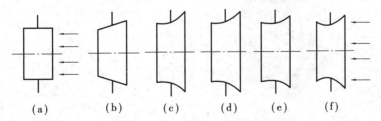

图 2.27　不同形式的集流器
(a)圆筒形;(b)圆锥形;(c)弧形;(d)锥筒形;(e)弧筒形;(f)锥弧形

集流器有筒形、锥形、弧形与组合形等几种形式。确定集流器性能的好坏,主要视气流充满叶轮进口处的均匀程度。因此设计时集流器的形状应尽可能与叶轮进口附近气流形状相一致,避免产生涡流而引起流动损失和涡流噪声。从流动方面比较,可以认为锥形比筒形好,弧形比锥形好,组合形比非组合形好;从图2.28进气口形式对涡流影响程度可知,采用锥弧形集流器(因其接近流线型也称流线体)的涡流最小。锥弧形集流器由锥形的收敛段、过渡段和近似双曲线的扩散段三部分组成。气流进入集流器后,首先是缓慢加速,在喉部形成高速气流,然后均匀扩散充满整个叶轮流道。从制造工艺上比较,筒形较简单,而流线型较复杂。目前的大型离心式通风机上多采用弧形或锥弧形集流器,以提高风机效率和降低噪声。中小型离心式通风机多采用弧形集流器。

集流器与叶轮间存在着间隙,其形式可分为径向间隙和轴向间隙两种,如图2.29所示。径向间隙气体的泄漏不会破坏主气流的流动状态;轴向间隙因气体泄漏与主气流相垂直会影响主气流的流动状态,因而选用径向间隙比较妥当,尤其对后弯叶轮来说更有必要,但这种结构的工艺较为复杂。

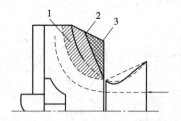 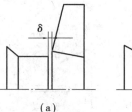 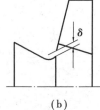

图2.28　进气口形式对涡流影响程度简图
1—锥形时的涡流影响区;2—弧形时的涡流影响区;
3—锥弧形时的涡流影响区

图2.29　进气口与叶轮之间的间隙形式
(a)轴向间隙;(b)径向间隙

3. 机壳

机壳的作用是将叶轮出口的气体汇集起来,引导至通风机的出口,并将气体的部分动压转变为静压。离心式风机机壳的工作原理与离心式水泵机壳的工作原理相同,结构上也是由一个截面逐渐扩大的螺壳形流道和一个扩压器组成,如图2.30所示。机壳截面形状为矩形,扩压器向蜗舌方向扩散,出口扩压器的扩散角以$\theta = 6° \sim 8°$为准,有时为了减少其长度,也可把θ增至$10° \sim 12°$。离心式通风机机壳出口附近设有蜗舌,其作用是防止部分气体在机壳内循环流动。蜗舌的结构型式常见的有深舌、短舌、平舌3种。

 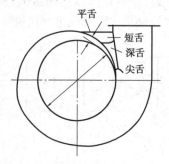

图2.30　机壳和不同蜗舌图

深舌多用于低比转数的风机,最大效率值较高,但效率曲线陡,噪声大;短舌多用于高比转数风机,效率曲线较平坦,噪声较低;平舌多用于低压低噪声通风机,但效率有所降低。

4. 进气箱

进气箱一般应用于大型离心式通风机进口之前需接弯管的场合(如双吸离心式通风机)。因进气流速度方向变化,会使叶轮进口的气流很不均匀,故在进口集流器之前安装进气箱,以改善这种状况。进气箱通道截面最好做成收敛状,并在转弯处设过渡倒角,如图2.31所示。

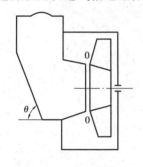

图2.31　进气箱形状

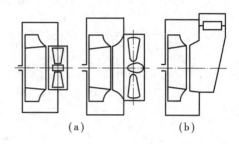

图2.32　进口导流器示意图
(a)轴向;(b)径向

5. 进口导流器(前导器)

大型离心式风机为扩大使用范围和提高调节性能,在集流器前或进气箱内装设有进口导流器,如图2.32所示。进口导流器分为轴向图2.32(a)与径向图2.32(b)两种。借助改变导流器叶片的开启度,控制进气口大小、改变叶轮进口气流方向,以满足调节要求。导流叶片可采用平板形、弧形或机翼形。导流叶片数目一般为8~12片。

6. 离心式通风机的结构型式

1)离心式通风机的旋转方式

离心式通风机叶轮只能顺机壳螺旋线的展开方向旋转,因此根据叶轮旋转方向不同分为左旋、右旋两种。确定方法是:从电机一端看风机,叶轮按顺时针方向旋转的称为右旋;叶轮按逆时针方向旋转的称左旋。

2)离心式通风机的进气方式

离心式通风机的进气方式有单侧进气(单吸)和双侧进气(双吸)两种。在同样条件下,双吸风机产生的流量约是单吸的2倍,因此,大流量风机采用双吸式较为适宜。

3)离心式通风机的出风口位置

我国对离心式通风机位置做了规定,根据现场使用要求,离心式通风机机壳出口方向可从图2.33规定的8个基本出口位置中选取,如果基本出口位置还不能满足要求,可以从下列补充角度15°,30°,60°,75°,105°,120°,150°,165°,195°,210°中选取。

4)离心式通风机的传动方式

离心式风机的传动方式有多种,主要根据风机转速、进气方式和尺寸大小等因素而定。

目前我国对离心式风机的传动方式进行了规范,其具体形式如图2.34所示,有A,B,C,D,E,F 6种传动结构型式。

小功率离心式风机多采用A式,将叶轮直接安装在电动机轴上。这样可以使结构简单、紧凑。功率较大时,多用联轴器连接(D式,F式)。当离心式风机的转速与电动机的转速不相同时,可采用皮带轮变速传动方式(B式,C式,E式)。将叶轮装在主轴的一端,称为悬臂式(B,C,D),其主要优点是拆卸方便。对于双吸离心式风机或大型单吸离心式风机,一般将叶

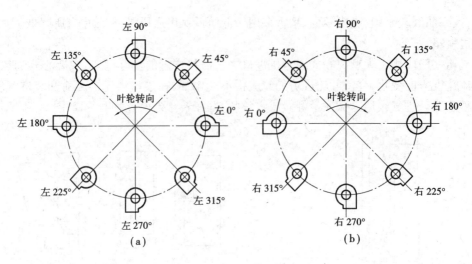

图 2.33　出风口位置示意图
(a)逆时针(左旋);(b)顺时针(右旋)

轮放在两轴承的中间,称为双支承式(E,F),其主要优点是运转比较平稳。

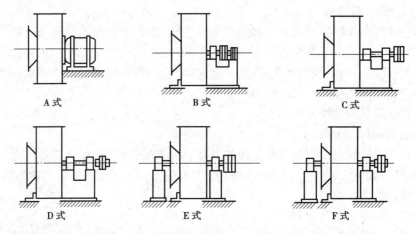

图 2.34　离心式通风机传动结构型式

7. 常用的几种离心式通风机的结构

离心式通风机的结构型式繁多,现将常用的几种离心式通风机的特点和结构介绍如下:

1)4—72—11 系列离心式通风机的结构

4—72—11 系列离心式通风机的叶轮为焊接结构,有 10 个后弯机翼型叶片,出口安装角为 135°,前盘为锥弧形,后盘为平板形。风量范围为 1 710 ~ 2 040 m^3/h,风压范围为 290 ~ 2 550 Pa,其主要特点是:效率高、功耗小、运转平稳、噪声低、结构完善、便于维护和拆装,适合小型煤矿通风。

4—72—11 系列离心式通风机从 No. 2.8 ~ No. 20 共有 11 种机号。机壳分两种,No. 2.8 ~ No. 12 的机壳为整体式,不能拆卸;No. 16 和 No. 20 的机壳为三开式(图 2.35),即沿水平轴心可分成上、下两部分;上半部又可分成左右两部分,各部分之间用螺栓连接。进风口制成整体,装在风机一侧;轴面投影截面呈锥弧形,能使气流平稳地进入叶轮。传动方式采用 A,B,C,D4 种,其中 No. 16 和 No. 20 为 B 式传动方式。对 No. 12 及其以下的 9 种通风机,生产厂家将其出口位置制造成同一型式,用户可根据需要安装;对 No.16 和 No.20 两种风机,出风口分别制成 0°、90°、180°三种固定位置,不能调整,只能选用。

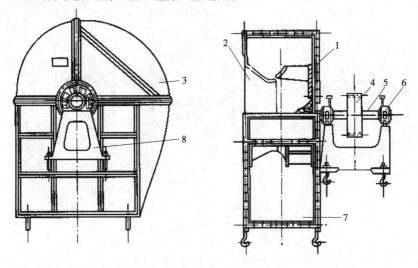

图 2.35　4—72—11No.16 和 No.20 离心式通风机结构图

1—叶轮;2—进风口;3—机壳;4—皮带轮;5—机轴;6—轴承;7—出风口;8—轴承架

4—72—11 系列离心式通风机的类型特性曲线如图 2.36 所示。其中,标有 1 的各条曲线为 No.5,5.5,6,8 风机的类型特性曲线;标有 2 的各条曲线为 No.10,12,16,20 风机的类型特性曲线。

现以 4—72—11 No.20B 右 90°为例,说明风机的型号意义:

4 表示通风机在最高效率点的全压系数为 0.4;

72 表示通风机的比转数为 72;

1 表示通风机叶轮为单侧进风;

1 表示设计序号;

No.20 为通风机机号,表示叶轮直径为 2 000 mm;

B 表示通风机的传动方式为 B 式(悬臂支承、皮带轮传动,皮带轮在两轴承中间);

右 90°表示出口位置为右向旋转 90°。

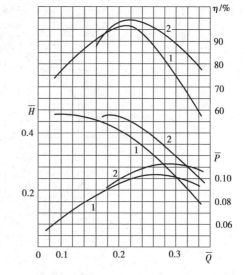

图 2.36　4—72—11 型离心式通风机类型特性曲线

2)G4—73—11 系列离心式通风机的结构

G4—73—11 系列离心式通风机系锅炉用风机,也可用于矿井通风。其结构特点为:叶轮有 12 个后弯机翼型斜切叶片,弧锥形前盘,运转平稳、噪声低、强度高,全效率高达 93%。机壳用普通钢板焊接而成,No.8~No.12 的机壳为整体结构;No.14~No.16 的机壳做成两开式;No.18~No.28 的机壳作成三开式。传动方式为 D 式。进风口为单侧吸入式。从 No.8~No.28 共有 12 种机号。其结构如图 2.37 所示。类型特性曲线如图 2.38 所示。与 4—72—11 风机相比,最大不同是装有轴向进口导流器,用以调节通风机流量;调节范围由 90°(全闭)到 0°(全开)。轴向导流器的操作手柄位置从进风口方向看在右侧。对于右旋通风机,手柄由下向上推是全闭到全开方

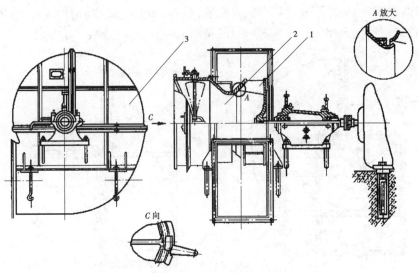

图 2.37 G4—73—11 型离心式通风机的结构
1—叶轮;2—进风口;3—机壳

向;对于左旋通风机,手柄由上向下拉则是全闭到全开方向。同时其风压和风量较 4—72—11 型大,适用于中小型矿井通风。

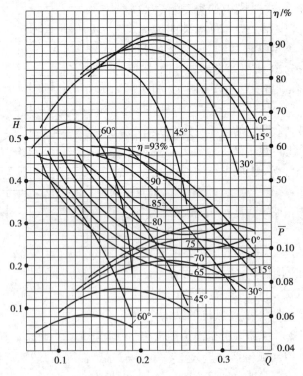

图 2.38 G4—73—11 离心式通风机无因次特性曲线(轴向导流)

3)K4—73—01 型离心式通风机的结构

K4—73—01 型离心式通风机是目前我国生产的风量最大的矿用离心式通风机,专供大型矿井使用,共有 No.25,No.28,No.32,No.38 四种机号,均采用双侧进风,适用于大、中型矿井通风。K4—73—01型离心式通风机的结构如图2.39所示,特性曲线如图2.40所示。

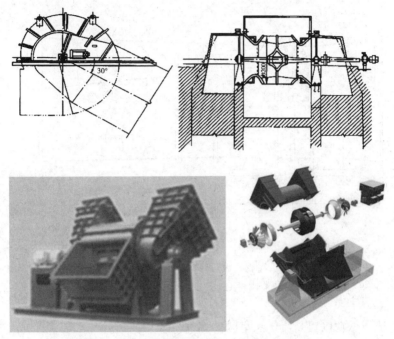

图2.39　K4—73—01型离心式通风机的结构

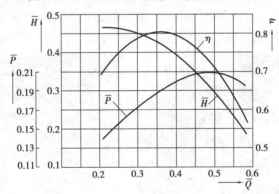

图2.40　K4—73—01型离心式通风机的无因次特性曲线

该风机由叶轮、集流器、进气箱和机壳组成,机壳上半部用钢板焊制,下半部用混凝土浇注而成。叶轮两侧各有12个后弯式机翼叶片,主轴两端均有伸出端,驱动电动机可以任意布置在风机一侧,该通风机的传动方式为F式。进风口为三开式的锥弧形,便于拆装。其结构特点是效率高、运转平稳、噪声低。型号中的K表示矿井,0表示双侧进风,其余符号意义同前所述。

(二)轴流式通风机的构造

1. 轴流式风机的主要结构组成

轴流式风机主要零部件有叶轮3、4、导叶、机壳5、集流器1(集风器)、疏流罩2(流线体)和扩散器6、7、支架8、传动部分等,如图2.41所示。

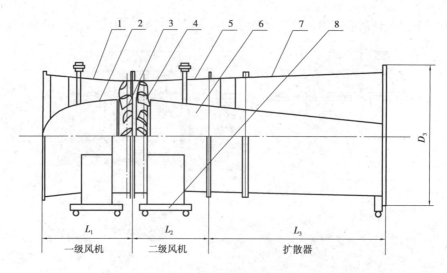

图 2.41　轴流式通风机结构

1—集流器;2—流线体;3,4—叶轮;5—机壳;

6—扩散器内锥筒;7—扩散器外锥筒;8—支架

1)叶轮

叶轮是对流体做功以提高流体能量的关键部件。主要由叶片和轮毂组成,叶片多为机翼形扭曲叶片,如图 2.42 所示。叶轮外径、轮毂比(即轮毂直径与叶轮外径之比)、叶片数、叶轮结构和叶片叶型对风机性能有着重要影响,各主要参数均通过试验确定。对于矿井主通风机的叶轮,一般要求风机反转时,反风量大于正常风量的 60%。

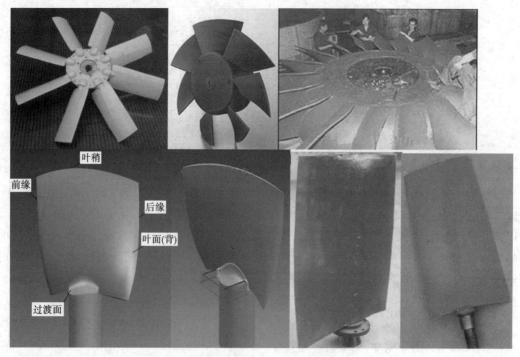

图 2.42　轴流式通风机的叶轮及叶片

2）导叶

根据叶轮与导叶的相对位置,在第一级叶轮前的导叶叫前导叶,最后一级叶轮后的导叶叫后导叶,两级叶轮间的导叶叫中导叶。导叶的作用是确定流体通过叶轮前或后的流动方向,减少气流流动的能量损失。对于后导叶还有将叶轮出口旋绕速度的动压转换成静压的作用。前导叶若为可调的,还可以改变风机的工况点。为避免气流通过时产生同期扰动引起强烈噪声,导叶叶片数和动叶叶片数应互为质数。导叶叶型可用机翼型,也可用等厚度圆弧板型。导叶高度与动叶要相适应,安装在风机的外壳上。导叶与动叶的布置如图2.43所示。

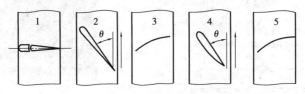

图2.43　导叶与动叶叶片的布置图
1—前导叶;2,4—动叶叶片;3—中导叶;5—后导叶

3）集流器和疏流罩

集流器(集风器)是叶轮前外壳上的圆弧段。疏流罩(流线体)罩在轮毂前面,其形状为球面或椭球面。集流器和疏流罩的作用是改善气体进入风机的条件,使气体在流入叶轮的过程中过流断面变小,以减少入口流动损失,提高风机效率。

4）扩散器

扩散器的作用是将流体的部分动压转换为静压,以提高风机静效率。其结构型式有筒形和锥形两种(具体分析见相关知识)。

轴流式通风机可以通过调整叶片安装角度来调节风机风量和风压,同时又可反转反风,不需设反风道、反风门等装置,减少了基建费用,方便了风机的安装和运行,在煤矿生产中得到广泛应用。

20世纪80年代初我国研制了扭曲叶片的2K60型轴流风机,随后引进前西德TLT公司技术生产了GAF型风机;引进丹麦诺文科公司的技术生产了K66,K55,K50型风机;20世纪90年代我国又新研制了2K56型风机。下面选择有代表性的几种风机作简要介绍。

2.几种常用轴流式通风机的结构

1）2K60型轴流式通风机

2K60型轴流式通风机是一种高效率、低噪声、可反转反风的风机。既适用于新建矿井,也适用于老矿更新改造。图2.44所示为国产2K60型通风机结构简图。

该风机为两级叶轮,轮毂比为0.6。每个叶轮上可安装14个扭曲叶片。这种叶片的特点是在不同半径处具有不同的安装角度,如图2.45所示。其好处是可以减少气流在叶轮内的径向流动从而减小损失。2K60型通风机的叶片根部与顶部安装角之差,即叶片的扭曲角 $\Delta\theta =$ 22°20′。叶片根部安装角可在15°～45°调节。叶片数可以有3种不同组合:一是两个叶轮均为14片;二是第一个叶轮为14片,第二个叶轮为7片;三是两个叶轮均为7片。根据使用情况,可采用调节叶片安装角或减少叶片数的方法改变特性曲线,以适应不同风量和风压的要求。

中、后导叶也是机翼型扭曲叶片。在一、二级叶轮之间安装有14片中导叶,二级叶轮后安

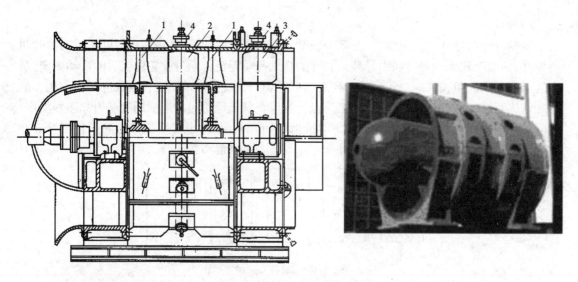

图 2.44 2K60 型通风机结构简图

1—叶轮;2—中导叶;3—后导叶;4—绳轮

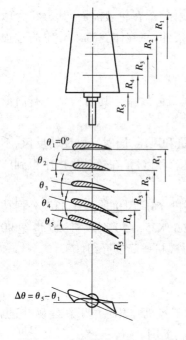

图 2.45 在不同半径处有不同
安装角的扭曲叶片示意图

装有 7 片后导叶。中、后导叶固定在外壳上,是不旋转部件。中导叶的作用是将从第一级叶轮流出的旋转方向与 u 相同的气流整定为轴向并引入第二级叶轮;后导叶的作用是将第二级叶轮流出的旋转气流整定为近似轴向,且使气流速度下降,以提高静压。此类风机的另一特点是可采用改变中、后导叶安装角的办法实现反转反风,且反风量可超过正常风量的 60%。

该风机主轴由两个滚动轴承支承,叶轮与轴用键固结,传动轴两端用齿轮联轴器分别与风机主轴和电动机轴连接。轴承上装有铂热电阻温度计,可监测超温报警。扩散风筒由柱形筒壳和锥形筒芯组成,装在风机出口处;有带与不带消音设备两种形式的扩散器。

2K60 型轴流式风机有 No.18,No.24,No.28 和 No.36 四种机号,最大静压可达 4 905 Pa,风量范围 20～250 m³/s,最大轴功率为 430～960 kW,风机主轴转速有 985 r/min,750 r/min,650 r/min 三种,最高静压效率达 86%。其功率及效率曲线中均已包括通风机传动机械损失,在计算和确定风机功率时,不再考虑传动效率。

该风机的特性曲线如图 2.46、图 2.47、图 2.48、图 2.49 所示。

现以 2K60—4No.28 为例,说明该通风机的型号意义。

2 表示两级叶轮;

K 表示矿用通风机;

60 表示该型通风机轮毂比的 100 倍,即叶轮的轮毂直径与叶轮直径比为 0.6;

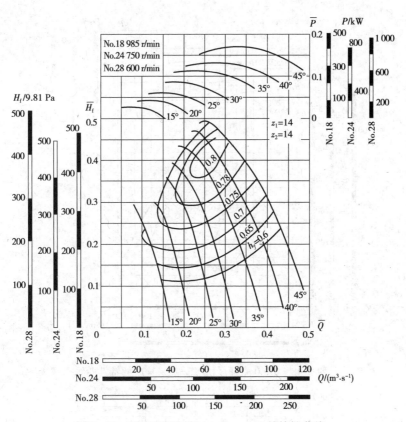

图 2.46　2K60 型通风机($z_1 = z_2 = 14$)的特性曲线

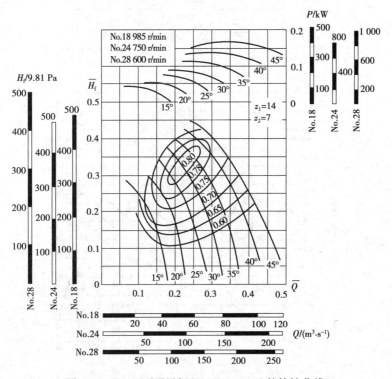

图 2.47　2K60 型通风机($z_1 = 14, z_2 = 7$)的特性曲线

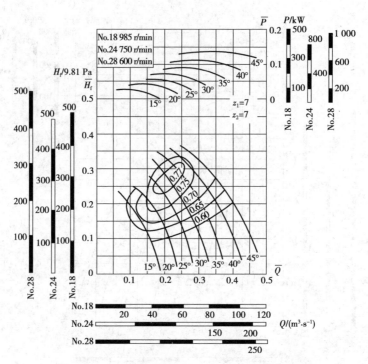

图 2.48　2K60 型通风机($z_1 = 7, z_2 = 7$)的特性曲线

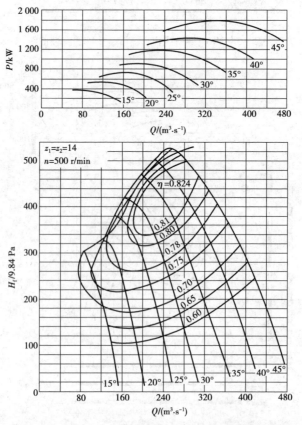

图 2.49　2K60No.36 型轴流式通风机的个体特性曲线

4 表示结构设计序号;

No.28 表示通风机的机号,即叶轮直径为 2 800 mm。

2)GAF 型轴流式通风机

GAF 是我国引进前西德透平通风技术公司(TLT)的技术制造而成的,叶轮直径从 $\phi1\,000\sim$ $\phi6\,300$ 分 32 种。轮毂直径分 7 种;叶轮有单级、双级两种;形式有卧式和立式。基本型号分 4 个系列 896 种规格,叶片数目 6~24 片,叶片调节分不停车调节和停车调节两种。图 2.50 所示为 GAF31.6—15s—1 型通风机的结构示意图。

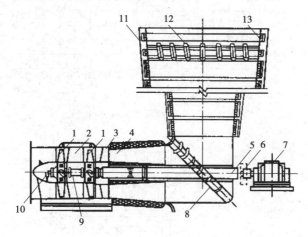

图 2.50　GAF 轴流式通风机结构简图

1—叶轮;2—中导叶;3—后导叶;4—扩散器;5—传动轴;6—刹车机构;7—电动机;
8—整流叶栅;9—轴承箱;10—动叶调节控制头;11—立式扩散器;12—消声器;13—消声板

该风机采用轴承箱内置的卧式结构,双级叶轮,动叶机械式停车集中可调,电机置于排气侧的弯道外侧,经刚挠性联轴器,中间轴与风机转子直接传动。风机组成包括:进口闸门、进气圆筒、整流环、机壳、叶轮、主轴承箱、中间轴、刚挠性联轴器、扩散器、带导流叶片的弯道、垂直扩散器、出口消声器、制动器、润滑油站、电动机等部件。

进口闸门的作用是在风机停车或维修时将风道和风机隔开。整流环为筒形焊接件,内装流线型整流罩,用于减小气流进入叶轮时的冲击损失。

机壳由内筒、外壳、后导叶及轴承箱支承环等组成,采用水平剖分结构,在机壳内壁叶片旋转处镶嵌有铜板。风机叶轮与主轴采用过盈和键配合,动叶片采用铸铝合金,中间轴为空心传动轴。

扩散器流道为沿气流方向内筒收缩外壳扩张的锥形钢板焊接构件。垂直扩散器顶部装有 8 片吸音片消声器。

制动器用来制动转子,减少转子停车时间,以便迅速对动叶进行机械调节。

GAF 型轴流通风机的性能范围是:全压 300~8 000 Pa;流量 30~1 800 m^3/s;全压效率 0.3~0.9。由于该机规格较多,厂家不提供全部通风机性能曲线,使用单位须将风量和风压的变化范围提交厂家,由厂家选型后提供风机性能曲线。图 2.51 为某风机的性能曲线,图中的风量和全压是以额定参数的百分数给出的。该机也能实现反转反风,反风量超过正常风量的 60%。

3)K66,K55,K50 轴流式通风机

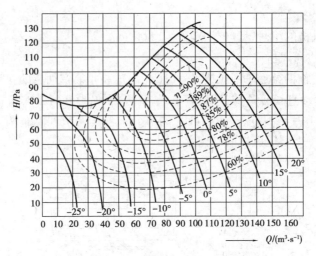

图 2.51　GAF 型轴流通风机特性曲线

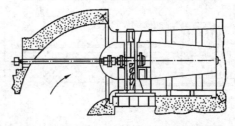

图 2.52　K66—1No.18.75 型轴流式通风机简图

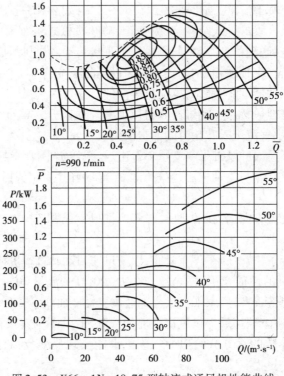

图 2.53　K66—1No.18.75 型轴流式通风机性能曲线

我国于1985年从丹麦诺文科公司引进了大型轴流式通风机生产技术,设计制造了适合我国矿井通风的新型轴流式通风机—K66,K55和K50。这3种风机叶轮外径分别为1.875 m,2.25 m,2.5 m,轮毂直径均为1.25 m;焊接结构,单级叶轮,叶片为机翼扭曲形,安装角可在10°~55°范围内调整。该风机的特点为高效区域广,最大静压效率可达0.85。图2.52所示为K66—1No.18.75矿用轴流式通风机简图,其特性曲线如图2.53所示。该机能实现直接反转反风,反风量可达60%以上。

4)BDK型对旋轴流式通风机

BDK型对旋轴流式通风机具有高效、节能、低噪声、运行平稳以及结构简单、安装维修方便等特点,是一种新型的轴流式风机,适用于大、中型矿井做地面抽出式通风。该风机是由收敛形集流器、一级风机、二级风机、扩散器、消声器、圆变方接头、扩散塔等七部分组成,如图2.54所示。

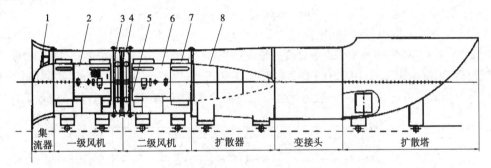

图2.54　BDK54对旋轴流式通风机结构示意图

1—导流体;2——级电机;3——级叶轮;4—二级叶轮;5—制动杆;

6—二级电机;7—电机新风管;8—扩散器内芯

BDK型对旋轴流式通风机的各部件分别设有托轮,在预设的轨道上可沿轴向移动,部件间用螺栓连接。一、二级风机主要由叶轮、电动机、风筒、隔流腔、回流环等组成。风机一、二级叶片分别采用了互为质数、安装角可调的弯掠组合正交型叶片,两级工作叶轮互为导向叶片并相对旋转,因省去了风机的导叶装置,减少了导叶部分的能量损耗,简化了结构。风机叶片采用半自动调节,在机壳外面通过专用工具即可调节。传动方式采用叶轮与电机直联结构,减少了机械传动部分的磨损和能量损失,摒弃了传统风机的长轴或皮带传动系统,保证了生产的安全性,提高了运行效率。

高压隔爆型电动机安装在风机风筒中的隔流腔内,隔流腔具有一定的耐压性能,能使电机与风机流道中含瓦斯的污风相互隔绝,同时还起了一定的散热作用,隔流腔中有一新鲜风流管把电机与大气相通,使隔流腔内保持正压状态,既增加了电机的防爆性能,又使电机的热量散发到大气中,提高了风机的可靠性。在叶轮回转部分的筒体上,增设了保护圈,以防止叶轮、叶片在长期高速运行后产生变形与筒壁摩擦产生火花,引发事故。

BDK 型风机配有钢板制成的扩散器和新式流线型扩散塔,将出口气流的大部分动压转变为静压,提高了风机的静压效率。用超细玻璃棉制成消音器,其结构为蜂窝状阻抗复合式,能有效地降低噪声。风机可以采用反转反风,反风量可达正常风量的60%。

现以 BDK54—8—No.23 为例,说明符号的意义:

B——隔爆型;

D——对旋式轴流风机;

K——矿用风机;

54——该型通风机轮毂比的100倍;

8——配用8极电机,转速为740 r/min;

No.23——通风机机号,即叶轮直径为2 300 mm。

图2.55 是 BDK54—8—No.23 型对旋式轴流风机(n=740 r/min)的个体特性曲线图。该系列风机包括 BDK40,BDK42,BDK50,BDK54,BDK60,BDK65,机号有 No.12 ~ No.42 共100 余种规格。最高静压效率可达85.2%,一般运行也可保持在75%以上,在高效区运行,节能效果好。

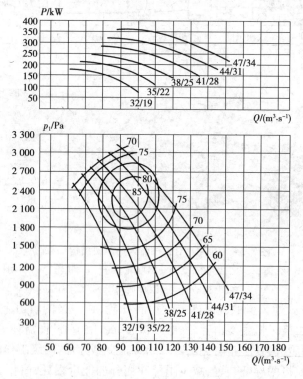

图2.55　BDK54—8—No.23 型对旋式轴流风机
的个体特性曲线(n=740 r/min)

BDK 型对旋式轴流风机是一种结构新颖,具有广泛应用前景的新型轴流式通风机,它具有以下主要优点:

(1)效率高,节电效果显著;

（2）可直接反转反风，其反风量超过《煤矿安全规程》的要求。可达60%以上；

（3）结构紧凑、体积小，运输方便，安装、检修容易；

（4）不需构筑反风道、通风机基础和机房（只需构筑一个面积较小的电控室），可大大节省基建投资，缩短施工工期；

（5）风机房建筑简单，占地面积小，对于场地面积小、有地表塌陷、滑坡危险的地区尤为适合；

（6）运行时的稳定性较一般轴流式通风机高而噪声低。

近年来，我国陆续开发、研制了多种新型通风机，有的已形成了系列。选用时可参阅有关产品目录。

 相关知识

（一）通风机的反风

1. 反风的概念及要求

矿井通风有时需要改变风流的方向，即将抽出式通风临时改为压入式通风。例如，当采用抽出式通风时，在进风口附近、井筒或井底车场等处发生火灾或瓦斯、煤尘爆炸时，必须立即改为压入式通风，以防灾害的蔓延。像这种根据实际需要，人为地临时改变通风系统中的风流方向，叫做反风。用于反风的各种装置，叫做反风设施。

《煤矿安全规程》规定，主要通风机必须装有反风设施，必须能在10 min内改变巷道中的风流方向。当风流方向改变后，主要通风机的供给风量不应小于正常风流的60%。

当通风机不能反转反风时，一般采用反风道反风；当通风机能反转反风时，可采用反转反风，但供给风量必须满足《煤矿安全规程》要求。

当反风门的开启力大于1 t时，应采用电动、手摇两用绞车，并集中操作；开启力小于1 t时，可用手摇绞车。风门绞车应集中布置。

2. 离心式通风机的反风

图2.56为两台离心式通风机作矿井主要通风设备时的反风系统布置图。两台通风机对称布置，一台左旋，一台右旋，扩散器由屋顶穿出。正常通风时，电动机驱动叶轮旋转，使井下风流由出风井经进风道进入通风机入口，然后由通风机经扩散器排出，风流按实线箭头方向流动。

当矿井需要反风时，首先用手摇绞车或电动绞车8,10，通过钢丝绳关闭垂直闸门2和12，打开水平风门13。并将扩散器中的反风门6提起，关闭扩散器出口，同时打开通风机与反风道间16的联络通道。此时。大气由水平风门进入进风道11,14和通风机入口，再由通风机出口进入反风道1,16，然后下行压入风井，达到反风目的。风流在此过程中按虚线箭头方向流动。

3. 轴流式通风机的反风

旧式轴流式通风机的反风设施类似于离心式通风机，即由反风道和一系列反风门组成的反风系统来执行反风任务，这种方法建筑费用高，操作时间长，有时机构还会失灵。因此长期以来，人们始终致力于研究提高轴流式风机本身的逆转反风能力，试验了许多方案，终于获得了满意的反风性能。不同类型的风机采用的反风操作方法虽不尽相同，但工作原理类似，均是根据翼形叶片的空气升力原理（见图2.6），将动叶和导叶调整到适合反风气流流动的位置之

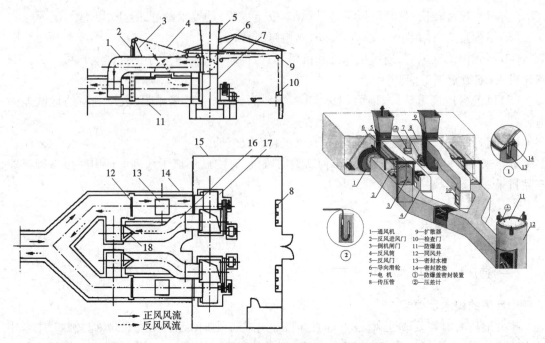

图 2.56 两台离心式通风机布置图

1,16—反风道;2,12—垂直风门;3—闸门架;4—钢丝绳;5—扩散器;6—反风门;7,17—通风机;

8,10—手摇绞车;9—滑轮组;11,14—进风道;13—水平风门;15—通风机房;18—检查门

后,采用叶轮反转的方法来满足反风要求。几种通风机的反风操作机构工作原理及操作方法介绍如下:国产 GAF 风机采用的方案是保持中、后导叶角度不变,将叶轮叶片安装角由原来的实线位置调到虚线位置。如图 2.57(a)所示。此时,逆转时的反风量可达正常风量的 90%。利用其机械调节机构,在停机情况下,将叶轮叶片角调到反风位置,产生不低于 60% 正常风量的反风量。

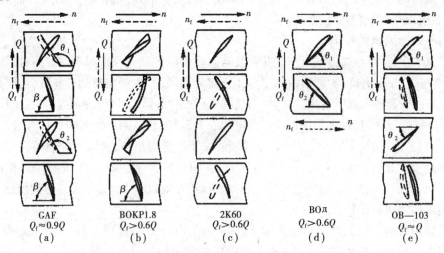

图 2.57 两级轴流式通风机的各种逆转反风方案

BOKP 风机的反风方案是在逆转前,将中导叶的凸凹面变换到虚线位置。如图 2.57(b)所示。逆转时的反风量可达正常风量的 60% 以上。其中导叶片是用有弹性的橡胶类材质制作的,

反风时利用装在外壳外表面上的操纵机构,一次将所有的中导叶凸凹面变换到虚线位置。

国产2K60风机采用的则是改变中、后导叶角度的方案,将逆转反风量提高到正常风量的60%以上。如图2.57(c)所示,正常通风时,各叶片处于实线位置。反风时,中、后导叶转动150°,调整到虚线所示位置。很明显,逆转时风机反向,原前级叶轮转为次级,原次级叶轮转为前级,后导叶则起前导叶的作用。

BDK对旋式风机反风时,无需附加其他机构,只需将两叶轮都逆转,即可使反风量达正常风量的60%以上。如图2.57(d)所示。

OB—103型两级轴流风机的两级叶轮叶片布置方式不同。前级叶轮叶片按正常通风设计,次级叶轮则按逆转反风要求设计。倒转反风时,只需将中、后导叶位置调到虚线位置,如图2.57(e)所示,即可得到近于正常风量的反风量。这种风机的效率较低。

叶片的转动是靠绳轮系统来完成的。如图2.58(a)所示,导叶的叶柄穿过外壳,在柄尾装有绳轮,绳轮分为两组,奇数号为一组,偶数号为一组,组与组之间的叶片相间布置。每组绳轮用一条钢绳连成一体,组成一个单独系统。图中只绘出了一组绳轮,在停机情况下,伺服电动机接受指令转动后,通过链条7拖动链轮6转动。链轮6即带动钢丝绳5及一组绳轮转动,使该组导叶转动。

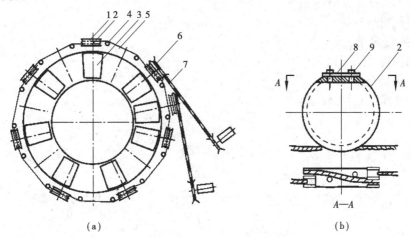

图2.58　2K60风机中,后导叶传动系统
1—导叶柄;2—绳轮;3—导叶;4—导向轮;5—钢丝绳

绳轮是双槽的,轮边上有一切面,切面上固定着两支双头螺栓,如图2.58(b)所示。由上槽引入绳轮的钢绳左右绕过两螺栓后,过渡到下槽引出绳轮。绳上有一块压板8,压住钢绳并用螺帽固紧,以防止绳与轮之间滑动,保证准确定位。两绳轮组不能同时操作,只能在一组完成转动后,再转动另一组。否则,相邻叶片将相互碰撞。后导叶的下半周叶片受轴承支架的限制不能调整。上半部片,同样也分成两组,相间操作转动。一切操作都是在停机情况下进行的。操作过程中有闭锁装置,防止风机启动。操作系统可由电动操作转换为手动操作。

(二)通风机的扩散器

通风机出口处气流具有较高的动压,当其脱离风机进入大气时,其动压随之散失于大气,无益于通风。若将动压的一部分转换为静压,可以减少损失。这就是通风机出口处装设扩散器的目的。

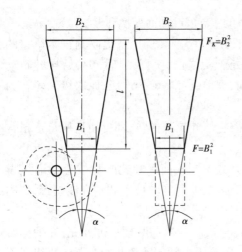

图 2.59　离心式通风机的扩散器

1. 离心式通风机的扩散器

离心式通风机的扩散器如图 2.59 所示，是一段过流断面积逐渐加大的流道。它的几何形状可以用扩散器的出口面积 F_k 与入口面积 F（即机壳出口面积）的比值 $n = F_k/F$（扩散度），扩散器长度 L 与入口边长 B_1 的比值 $i = L/B_1$（相对长度）以及扩散角 α 等表示。

在风机出口配置扩散器后，由于气流通过扩散器时的流速逐渐减小，至出口处的动压要小于风机出口动压。动压减少的同时静压增加。但是，动压减少的数量不等于静压增加的数量，其中有部分消耗在扩散器内部的流动阻力损失上。

风机未装扩散器时的静压为

$$h = H - \left(\rho \times \frac{Q^2}{2F^2}\right) \tag{2.28}$$

式中　h——风机静压，Pa；

H——风机全压，Pa；

ρ——气流密度，kg/m^3；

F——风机外壳出口截面积，m^2；

Q——风机流量，m^3/s。

风机配置扩散器后的静压为

$$h_k = H - \left(\Delta H_k + \rho \times \frac{Q^2}{2F_k^2}\right) \tag{2.29}$$

式中　ΔH_k——扩散器内部流动阻力损失，Pa；

F_k——扩散器出口过流面积，m^2；

若以 ξ_k 表示加装扩散器后与装扩散器前的损失比，称为扩散器全损失系数，则

$$\xi_k = \frac{\Delta H_k + \rho \times \dfrac{Q^2}{2F_k^2}}{\rho \times \dfrac{Q^2}{2F^2}} = \xi + \frac{1}{n^2} \tag{2.30}$$

式中　$\xi = \Delta H_k / (\rho Q^2 / 2F^2)$，称为扩散损失系数。$\xi_k$ 和 ξ 均小于 1。

利用式（2.30）可将式（2.29）改写为

$$h_k = H - \xi_k \left(\rho \times \frac{Q^2}{2F^2}\right) \tag{2.31}$$

则风机加装扩散器后增加的静压为

$$\Delta H_j = h_k - h = (1 - \xi_k)\rho \times \frac{Q^2}{2F^2} \tag{2.32}$$

2. 轴流式通风机的扩散器

轴流式通风机的扩散器可以是筒式或弯头式，如图 2.60 所示。由于气流在弯头中的损失较大，因而装置效率比筒式低，由图中效率曲线的差别可以看出，比值 $\dfrac{\overline{Q}}{4H_2}$ 愈大，相差愈多。因

此,通常只有在受到客观条件限制时,才采用弯头扩散器。但此时不必再加装直段扩散器,即可把气流引向上空。一般扩散器设计由生产厂家提供。

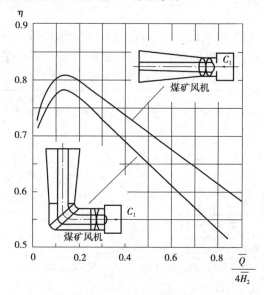

图 2.60　轴流式通风机扩散器形式
与装置效率的关系曲线

轴流式通风机加装扩散器后增加的静压仍为

$$\Delta H_j = h_k - h = (1 - \xi_k)\rho \times \frac{Q^2}{2F^2}$$

所不同的是风机外壳出口截面积 F 的计算方式不同。因为其风机外壳出口截面积为一同心圆环面积,故 $F = \pi(D^2 - d^2)/4$。

例 2.2　某轴流式通风机,其叶轮直径 $D = 2.4$ m,轮毂直径 $d = 0.7D$。当风量 $Q = 100$ m^3/s 时,试求在不装扩散器时,通风机出流带走的动压;加装扩散器后通风机增加的静压。(扩散器全损失系数 $\xi_k = 0.3$)

解　不装扩散器时,通风机出流带走的动压为

$$H_d = \rho \times \frac{Q^2}{2F^2} = 1.2 \times \frac{100^2}{2} \times \left[\frac{\pi}{4}(D^2 - d^2)\right]^2$$

$$= 1.2 \times \frac{100^2}{2} \times \left[\frac{\pi}{4} \times 2.4^2(1 - 0.7^2)\right]^2$$

$$= 1\ 127 \text{ N/m}^2$$

加装扩散器后通风机增加的静压为

$$\Delta H_j = (1 - \xi_k) \times \rho \times \frac{Q^2}{2F^2} = (1 - 0.3) \times 1\ 127 = 789 \text{ N/m}^2$$

由例题可知:加装扩散器后,减少了 789 N/m^2 的动压损失,并将其转为了静压。

任务实施

通风机同其他机械设备一样,需要正常的维护。通风机的维护贯穿在通风机运转的始终。

其主要内容就是严格按照有关技术要求和操作规程,对运转中出现的问题进行及时的维修。

(一)通风机的完好标准

通风机的完好标准是判断通风机是否应进行检修的依据,当通风机的某项指标达不到标准规定时,就需要进行检修。煤炭行业制定的通风机的完好标准见表2.4。

表2.4　通风机的完好标准

项　目	完好标准	备　注
螺栓、螺母、背帽、垫圈、开口销、铆钉、护罩	齐全、完整、紧固	
机壳、叶轮	机壳不漏风,防锈良好 叶片、辐条齐全、紧固、无裂纹 轴流式风机叶片安装角度一致,误差不超过 ±1°	用样板检查
传动装置	联轴器的端面间隙及同心度误差符合下表规定: 联轴器的端面间隙及同心度误差见下表 皮带轮平行对正,两皮带轮轴向错位不超过 2 mm,端面偏摆不大于轮径的 2‰,皮带松紧程度适宜。三角带和带轮槽底应有间隙,皮带根数符合厂家规定。 齿轮联轴器的齿厚磨损不超过原齿厚的 30%。 弹性联轴器的橡胶圈外径与孔径差不大于 2 mm。	记录有效期为一年
轴及轴承	主轴及传动轴的水平偏差不大于 0.2‰。 轴承间隙不超过下表规定: 滚动轴承温度不大于 75 ℃,滑动轴承温度不大于 65 ℃。 油质合格,油量合适,油圈转动灵活,不漏油。 运转无异常声音、无异常振动。	
电气设备	电动机、启动设备、开关柜符合其完好标准。接地装置合格。	
测量仪表	水柱计、温度计、电压表、电流表等指示正确。	1. 水柱计测点位置应符合设计规定; 2. 水柱计应有两套,同时能测静压及全压或动压; 3. 仪表记录有效期一年
反风装置	反风门关闭严密;风门绞车操作灵活。	无反风装置的不作要求
整洁与资料	设备与机房整洁,风道、风门、电缆沟内无杂物,有反风系统图、运转日志和检查、检修记录。	

传动装置中联轴器端面间隙及同心度误差:

联轴器类型	端面间隙/mm		同心度误差/mm	
	直径	间隙	径向位移	端面倾斜
齿轮联轴器	300 ~ 500	7 ~ 8	0.2	1.2‰
	500 ~ 700	11 ~ 14		
弹性联轴器	轴最大窜量 + (2 ~ 3)		0.15	1.2‰

轴及轴承中轴承间隙:

轴径/mm	滑动轴承/mm	滚动轴承/mm
50 ~ 80	0.20	0.17
>80 ~ 120	0.24	0.20
>120 ~ 180	0.30	0.25
>180 ~ 260	0.36	0.30

（二）通风机常见故障及处理方法

通风机的故障可分为机械故障、电气故障和性能故障。机械故障又包括机械故障、机械振动、润滑系统故障、轴承故障等几个方面。一般地说，通风机的机械故障是由通风机的制造、装配、安装所引起的。电气故障是由配套的供电及控制设备引起的。而通风机的性能故障则与通风机的运转及通风网路系统相关联。通风机常见故障及处理方法见表2.5。

表2.5　通风机常见故障及处理方法

序号	故障现象	故障原因	处理办法
1	离心式通风机转子不平衡引起的振动	1. 离心式通风机风机叶片被腐蚀或磨损严重 2. 风机叶片总装后不运转、由于叶轮和主轴本身重量、使轴弯曲 3. 叶轮表面不均匀的附着物，如铁锈、积灰或沥青等 4. 运输、安装或其他原因，造成叶轮变形，引起叶轮失去平衡 5. 叶轮上的平衡块脱落或检修后未找平衡	1. 修理或更换 2. 重新检修，总装后如长期不用应定期盘车以防止轴弯曲 3. 清除附着物 4. 修复叶轮，重新做静平衡试验 5. 找平衡
2	离心式通风机的固定件引起共振	1. 水泥基础太轻或灌浆不良或平面尺寸过小，引起风机基础与地基脱节，地脚螺栓松动。 2. 机座连接不牢固使其基础刚度不够 3. 风机底座或蜗壳刚度过低与风机连接的进出口管道未加支撑和软连接 4. 邻近设施与风机的基础过近，或其刚度过小	1. 加固基础或重新灌浆，紧固螺母 2. 加强其刚度 3. 加支撑和软连接 4. 增加刚度
3	离心式通风机轴承过热	1. 离心式通风机主轴或主轴上的部件与轴承箱摩擦 2. 电机轴与风机轴不同心，使轴承箱内的内滚动轴承转动困难 3. 轴承箱体内润滑脂过多 4. 轴承与轴承箱孔之间有间隙而松动，轴承箱的螺栓过紧或过松	1. 检查哪个部位摩擦，然后加以处理 2. 调整两轴同心度 3. 箱内润滑脂为箱体空间的1/3～1/2 4. 调整螺栓
4	离心式通风机轴承磨损	1. 离心式通风机滚动轴承滚珠表面出现麻点、斑点、锈痕及起皮现象 2. 筒式轴承内圆与滚动轴承外圆间隙超过0.1 mm	1. 修理或更换 2. 应更换轴承或将箱内圆加大后镶入内套
5	离心式通风机润滑系统故障	1. 油泵轴承孔与齿轮轴间的间隙过小，外壳内孔与齿轮间的径向间隙过小 2. 齿轮端面与轴承端面和侧盖端面的间隙过小 3. 润滑油质量不良，黏度大小不合适或水分过多	1. 检修，使之间隙达到要求的范围 2. 调整间隙 3. 更换离心式通风机润滑油

续表

序号	故 障 现 象	故 障 原 因	处 理 办 法
6	风量降低	1. 转速降低 2. 管路堵塞 3. 密封泄漏	1. 检查电源电压 2. 疏通清理管路 3. 修理或更换密封
7	风压降低	1. 系统阻力过大 2. 介质密度有变化 3. 叶轮变形或损坏	1. 修正系统的设计使之更合理 2. 对进口的叶片进行调整 3. 更换损坏的叶轮
8	振动	1. 基础不牢、下沉或变形 2. 主轴弯曲变形 3. 出口阀开度太小 4. 对中找正不好 5. 转子不平衡 6. 管路振动	1. 修复并加固基础 2. 更换主轴 3. 对阀门进行适当调整 4. 重新找正 5. 对转子做动平衡或更换 6. 加固管路或调整配管
9	轴承温度高	1. 轴承损坏 2. 润滑油或润滑油脂选型不对 3. 润滑油位过高或缺油 4. 冷却水量不够 5. 电机和风机不同一中心线 6. 转子振动	1. 更换轴承 2. 重新选型更换合适的油品 3. 调整油位 4. 增加冷却水量 5. 找径向、轴向水平 6. 对转子找平衡

 任务考评

任务考评的内容及评分标准见表2.6。

表2.6 任务考评的内容及评分标准

序号	考评内容	考评项目	配分	评分标准	得分
1	离心式风机结构	各组成部分及其作用	20	错一项扣5分	
2	轴流式风机结构	各组成部分及其作用	20	错一项扣5分	
3	反风的作用及方法	反风的作用及各自的方法	10	错一项扣5分	
4	通风机完好标准	通风机完好标准的内容	20	错一项扣5分	
5	通风机故障分析	通风机故障分析处理方法	30	错一项扣5分	
合计					

复习思考题

1. 离心式风机的组成部分有哪些？各有何作用？

2. 离心式风机的传动方式有哪些？各有何特点？

3. 离心式风机的出风口位置有哪些？

4. 离心式风机的型号意义是什么？

5. 轴流式风机的组成部分有哪些？各有何作用？

6. 轴流式风机的型号意义是什么？

7. 反风的作用是什么？反风的规定有哪些？

8. 离心式风机如何反风？

9. 轴流式风机如何反风？

10. 通风机的扩散器有何作用？

11. 通风机的完好标准有哪些内容？

12. 通风机的故障分为哪几方面的故障？如何分析处理？

情境三
压气设备的操作与维护

任务一　压气设备的操作

知识点：
◆空压机的作用及组成
◆空压机的工作原理
◆空压机的启动、停止操作

技能点：
◆空压机的启动、停止操作

 任务描述

　　空气压缩机是一种用来压缩空气、提高气体压力或输送气体的机械设备，是将原动机的机械能转化为气体的压力能的动力机械，简称为空压机。广泛用于采矿、石油、化工、建筑等行业，为气动机具提供动力。在煤矿中，以压缩空气为动力的设备主要有：风镐（用来采煤）、风钻（气动凿岩机）、凿岩台车、锚杆钻机（三种机器均用来在岩石上钻眼）、锚喷机（用来喷混凝土浆）、气动装岩机等气动机械。

　　使用压缩空气的最大好处是不产生火花；不怕超负荷；在湿度大、温度高、灰尘多的环境中能很好地工作；同时气动机械排出的空气还有助于改善井下的通风状况。因此，气动机械特别适合于含有瓦斯、煤尘爆炸危险的煤矿使用，适合于负载变化大的冲击式机械设备使用。但气动机械的运转效率低，噪音大，故一般只在没有电力或不能使用电力的场合使用。

　　空压机的种类很多，但煤矿中广泛使用的主要是活塞式和螺杆式两种。本任务就是学习掌握这两种空压机的操作方法。

任务分析

(一)活塞式空压机的组成及工作原理

1. 活塞式空压机的组成

活塞式空压机主要由空压机、拖动设备(一般为电动机,也可以是柴油机)及附属装置(包括空气过滤器、储气罐、冷却设备等)和压气管道等组成,如图 3.1 所示。

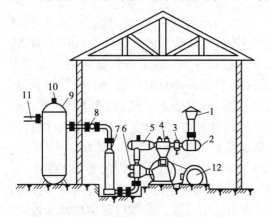

图 3.1　矿井空气压缩设备系统示意图
1—空气过滤器;2—进气管;3—调节阀;
4—低压缸;5—中间冷却器;6—高压缸;
7—后冷却器;8—逆止阀;9—风包;
10—安全阀;11—压气管路;12—电动机

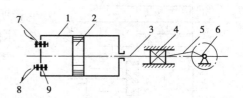

图 3.2　活塞式空压机的工作原理图
1—汽缸;2—活塞;3—活塞杆;4—十字头;
5—连杆;6—曲轴;7—吸气阀;
8—排气阀;9—弹簧

2. 活塞式空压机的工作原理

活塞式空压机的工作原理如图 3.2 所示。当电动机带动曲轴 6 以一定转速旋转时,通过连杆 5、十字滑块 4 把圆周运动转变为活塞杆 3 和活塞 2 的往复直线运动。

当活塞 2 由左向右移动时,汽缸左边的容积增大,压力下降产生真空;当压力降到稍低于进气管中空气压力(即大气压力)时,外部空气顶开吸气阀 7 进入汽缸,并随着活塞的向右移动继续进入汽缸,直到活塞移动至右端点为止,吸气阀 7 关闭,吸气过程结束。

当活塞从右端点向左移动时,汽缸左边容积开始缩小,空气被压缩,压力随之上升,即为压缩过程。此时由于吸气阀 7 的逆止作用,使缸内空气不能倒流回进气管中。同时,因排气管内空气压力又高于缸内空气压力,空气无法从排气阀 8 排出缸外,排气管中空气也因排气阀的逆止作用而不能流回缸内,所以这时汽缸内形成一个封闭容积。当活塞继续向左移动使缸内容积缩小,空气体积也随之缩小,空气压力不断提高。

当压力稍高于排气管中空气压力时,缸内空气便顶开排气阀 8 而排入排气管中,即为排气过程,这个过程持续到活塞移至左端点为止。此后,活塞又向右移动,重复上述的吸气、压缩、排气这三个连续的工作过程。

由此可见,活塞式空压机是通过活塞在汽缸内不断做往复直线运动,使汽缸工作容积产生变化来进行工作的。活塞在汽缸内每往复移动一次,依次完成吸气、压缩、排气三个过程,即完成一次工作循环。

3. 活塞式空压机理论工作循环

1）理论工作循环

活塞式空压机的理论工作循环是指空压机在理想条件下进行的循环。即汽缸中没有余隙容积，被压缩气体能全部排出汽缸；进、排气管中气体状态相同（即无阻力、无热交换）；气阀启闭及时，气阀无阻力损失；压缩容积绝对密封无泄漏。空压机在上述假设理想条件下所进行的工作循环，称为理论工作循环。可以用下面的理论工作循环示功图来表示。

2）理论工作循环示功图

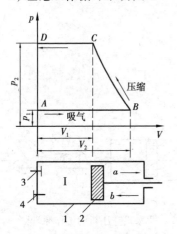

图 3.3　单作用活塞空压机理论循环
1—汽缸；2—活塞；3—进气阀；4—排气阀

如图 3.3 所示，当活塞 2 从 a 方向向右移动时，汽缸 1 内的容积 I 增大，压力稍低于进气管中空气压力时，进气阀 3 打开，吸气过程开始。设进入汽缸的空气压力为 p_1，则活塞由左端点移至右端点时所进行的吸气过程，在示功图中，可用直线 AB 来表示。线段 AB 称为吸气线。它说明：在整个吸气过程中，缸内空气的压力 p_1 保持不变、体积 V 不断地增加；V_2 为吸气终了时体积。

当活塞按 b 方向向左移动时，缸内的容积 I 缩小，同时进气阀关闭，空气开始被压缩，随着活塞的左移，压力逐渐升高，此过程为压缩过程。在示功图中用曲线段 BC 表示，称为压缩曲线，在压缩过程中，随着空气体积的缩小，其压力逐渐提高。

当缸内空气的压力升高到稍大于排气管中空气的压力 p_2 时，排气阀 4 被顶开，排气过程开始，在示功图中用直线段 CD（称为排气线）表示。在排气过程中，缸内压力一直保持不变，容积逐渐缩小。当活塞移到汽缸左端点时，排气过程便结束，此时，压缩机完成一个工作循环。

当活塞在左端点改向右移时，吸气过程又重新开始；缸内空气压力从 p_2 降到 p_1，在示功图中以垂直于 v 轴的直线段 DA 来表示。

在理论示功图中，以 AB，BC，CD，DA 线围成的 ABCD 图形的面积，表示完成一个工作循环过程所消耗的功，也就是推动活塞所必需的理论循环功；其面积愈小，则所消耗的理论功就愈少。

4. 空压机实际工作循环示功图

空压机实际工作循环的示功图是用专门的示功器（有机械式和压电式两种）测绘出来的，如图 3.4 所示。它反映了空压机在实际工作循环中，气体压力和容积之间的变化关系。对照图 3.4 和图 3.3 可以看出，实际工作循环示功图与理论工作循环示功图有如下的差异：

1）实际工作循环中除了吸气、压缩和排气过程外，还有膨胀过程，这是因为剩余气体的膨胀降压造成的，用气体膨胀线 DA 表示。

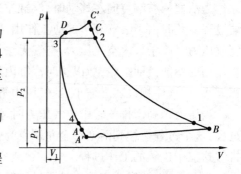

图 3.4　单作用空压机实际示功图

2)吸气过程线 AB 值低于名义吸气压力线 p_1，排气过程线 CD 值高于名义排气压力线 p_2，且吸、排气过程线呈波浪形，这是因为阀门阻力造成的。

3)压缩、膨胀过程曲线的指数值是变化的。

理论与实际示功图差别较大，是因为压缩机在实际工作过程中受到余隙容积、压力损失、气流脉动、空气泄漏及热交换等多种因素的影响。

5.活塞式空压机的两级压缩

由于煤矿使用的气动机械的额定工作压力一般为 5 ~ 6 个大气压，再加上输气管路上的压降损失，这就要求矿用空压机的排气压力至少为 7 ~ 8 个大气压。而根据国家标准和《煤矿安全规程》的规定，"单缸活塞式空压机的排气温度不得超过 190 ℃。"依此可求得受温度限制的极限压缩比 p_2/p_1 为 4.96。即单级活塞式空压机的排气压力小于 5 个大气压，不能满足煤矿生产的需要，故矿用活塞式空压机多为两级压缩。

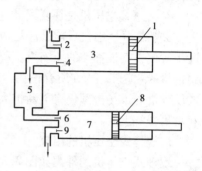

图 3.5　两级空压机工作原理图
1—低压缸活塞;2—低压吸气阀;
3—低压汽缸;4—低压排气阀;
5—中间冷却器;6—高压吸气阀;
7—高压汽缸;8—高压缸活塞;
9—高压排气阀

1)两级压缩活塞式空压机的工作原理

两级压缩是在两个汽缸中完成的，每一级压缩的工作原理与单级压缩的工作原理相同，只是在两个汽缸之间增加了一个中间冷却器，如图 3.5 所示。空气经低压吸气阀 2 进入低压汽缸 3，被压缩至中间压力 p_z，再经低压排气阀 4 进入中间冷却器 5 进行冷却，同时分离出气体中的油和水。冷却后的压气经高压吸气阀 6 进入高压汽缸 7，继续压缩至 8 个大气压后，经高压排气阀 9 排出。

2)两级压缩活塞式空压机的工作循环图

两级压缩活塞式空压机的理论工作循环图如图 3.6 所示。实际工作循环图如图 3.7 所示。

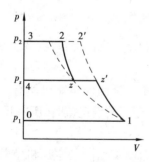

图 3.6　两级活塞式空压机的理论工作循环图

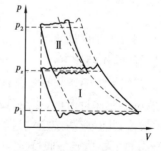

图 3.7　两级活塞式空压机的实际工作循环图

(二)螺杆式空压机的组成及工作原理

活塞式空压机在早期是一种大家都熟悉和认同的产品，但随着技术的不断革新，新型空压机的出现，活塞式空压机的缺点越来越突出，与螺杆式空压机相比，活塞式空压机有以下缺点：

1)活塞式空压机有气阀、活塞、活塞环、连杆、轴瓦等诸多易损件，连续运行的可靠性差，一方面会影响生产，另一方面会增加维护管理的费用。

2)活塞式空压机的效率低,特别是长期连续运行,其经济性更差。由于活塞式空压机所形成的压缩腔内很多都是易损件,这些易损件的磨损和损坏都将造成气体压缩时候更大的泄漏,最终导致压缩机效率的降低。

3)活塞式空压机为往复式运动机构,存在着不可消除的惯性力,因此运行时振动大,噪音高,较大的活塞式空压机安装时需要专门的固定基础。

4)活塞式空压机是往复间断性供气,运行时气流脉动大。

故螺杆式压缩机目前已广泛应用于矿山、化工、动力、冶金、建筑、机械、制冷等工业部门,逐步替代了其他种类的压缩机。统计数据表明,螺杆式压缩机的销售量已占有容积式压缩机销售量的80%以上,在所有正在运行的容积式压缩机中,有50%是螺杆式压缩机。今后螺杆式压缩机的市场份额仍将不断扩大,特别是无油螺杆式空气压缩机和各类螺杆工艺压缩机,会获得更快的发展。

1. 螺杆式空压机的组成

螺杆式空压机的外观如图3.8所示。其主要组成部分有电动机、螺杆式空压机、空气过滤器、冷却器、油气分离器、进气阀、容调控制阀、油温控制阀、压力控制阀等组成,如图3.9所示。

图3.8　螺杆式空压机外形

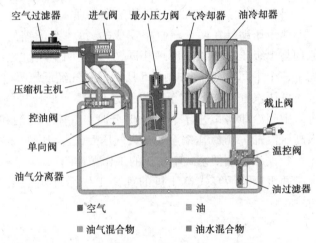

图3.9　螺杆式空压机的组成及工作原理

各组成部件的作用如下:

1)空气过滤器的主要功能是过滤空气中的尘埃和杂质。为确保压缩机能有足够的进气通道,空气滤清器应保持清洁,当空气滤清器的压差达到压差开关设定值时,压差开关动作,控制面板提示报警,此时应清洗空气过滤器。

2)进气阀的主要功能是通过进气阀伺服汽缸控制进气阀门动作,使空压机空载运行和全载运行。空压机启动时进气阀门关闭,确保不带负荷启动。当空压机带负荷运行时,由电磁阀和容调控制阀通路过来的气体进入进气阀伺服汽缸,推动阀杆,使阀门全开,以达到全负荷运行。当压力达到压力开关设置值时,压力开关动作,把进气阀伺服汽缸压力释放,进气阀阀门关闭,形成空载运行。

3)容调控制阀的主要功能是根据系统压力去控制进气阀的开启程度,从而控制空压机的进气量。当系统压力上升到容调控制阀设定压力时,容调控制阀开启,伺服汽缸将进气阀门关闭,使进气量逐渐减少,这时进入容调状态。如果压力持续上升,进气阀门开启程度越小。反之,进气阀的开启程度越大。

4)排气阀的主要功能是防止停机时,油气分离器内的压缩空气倒流回主机体内造成螺杆反转,损坏主机。

5)油气分离器的作用是把压缩空气中所含雾状的油气分离,并可将压缩空气的含油量控制在 3～5 ppm 以下。油气分离器上装有一个压差开关,当油气分离器前后之压差达到压差开关设定值时,压差开关动作,表示油气分离器堵塞,控制面板提示报警,此时必须更换油气分离器。确保分离后的空气质量和压缩机正常运作。

6)最小压力阀位于油气分离器上方出口处,开启压力设定在 0.40 MPa 左右,其功能为:当启动时优先建立润滑油所需的循环压力,确保机体的润滑。当压力超过 0.40 MPa 时阀开启,可降低流过油气分离器的空气流速,除确保油气分离效果之外,并可保护油气分离器滤芯免因压差太大而受损。

7)油过滤器的主要功能是过滤润滑油中的劣化物、金属微粒等杂质。油过滤器上装有一个压差开关,当油过滤器前后之压差达到压差开关设定值时,压差开关动作,表示油过滤器严重堵塞,控制面板提示报警,此时必须更换油过滤器。

8)油温控制阀的功能是使排气温度维持在压力露点温度以上。当润滑油温度较低时,在油温控制阀的作用下,润滑油不经冷却器直接经油过滤器进入压缩机。当润滑油温度达到设定温度时,在油温控制阀的作用下,润滑油经过冷却器冷却后再经油过滤器进入压缩机。

9)电磁阀的功能是控制压缩机的加载与卸载。当工作压力达到压力传感器设置值时,电磁阀动作,伺服汽缸动作,继而控制进气阀关闭或开启。

10)冷却器的功能是使压缩后的压缩空气和润滑油在冷却器内做热交换,达到冷却效果,使压缩机在最佳状态下运行。

2.螺杆式空气压缩机的工作原理

螺杆式空气压缩机的工作原理如图 3.9 所示。空气通过空气过滤器将大气中的灰尘或杂质滤除后,由进气控制阀进入压缩机主机,在压缩过程中与喷入的冷却润滑油混合;经压缩后的混合气体经排气阀排入油气粗分离器,通过碰撞、拦截、重力作用,将绝大部分的油介质分离出来,然后进入油气精分离器进行二次分离,得到含油量很少的压缩空气;当空气被压缩到规定的压力值时,最小压力阀开启,排出压缩空气到冷却器进行冷却,最后送入使用系统。而油气经粗分离器、精分离器分离出来的润滑油经过油温控制阀、冷却器、油过滤器再进入主机进行润滑。

螺杆式空气压缩机的核心部件是压缩机主机,它是容积式压缩机中的一种。双螺杆式单级压缩空压机是由一对相互平行啮合的阴阳转子(或称螺杆)组成,如图3.10所示。主电机驱动阳转子的齿与阴转子的槽在机壳内转动,使阴、阳转子齿槽之间不断地产生周期性的容积变化,空气则沿着转子轴线由吸入侧输送至输出侧,实现螺杆式空压机的吸气、压缩和排气的全

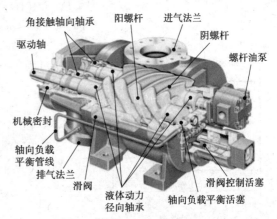

图 3.10 双螺杆式空压机结构图

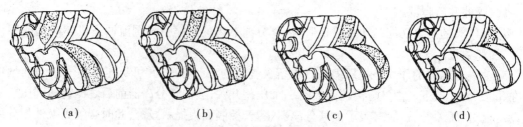

图 3.11　螺杆式压缩机工作原理

(a)吸气终止;(b)压缩;(c)压缩终止;(d)排出

过程,如图 3.11 所示。

单螺杆压缩机由装在机壳内的一个圆柱螺杆和两个对称布置的平面星轮组成啮合副,螺杆螺槽、机壳内壁和星轮齿面构成封闭的齿间容积。运转时,动力传到螺杆轴上,由螺杆带动星轮齿在螺槽内相对移动,这种相对移动相当于往复式压缩机的活塞(星轮)在汽缸(螺杆槽与机壳内壁形成的齿间容积)中移动。随着星轮齿的移动,封闭的齿槽间容积发生变化,相应的气体由吸气阀进入螺杆齿槽空间,经压缩后达到设计压力值,由开在壳体上的排气三角口排至油气分离器内。螺杆通常有 6 个螺槽,由两个星轮将它分隔成上、下两个空间,各自实现吸气、压缩和排气过程,如图 3.12 所示。因此,单螺杆压缩机相当于一台六缸作用的活塞机。单螺杆压缩机的油气系统流程与双螺杆压缩机基本相同。

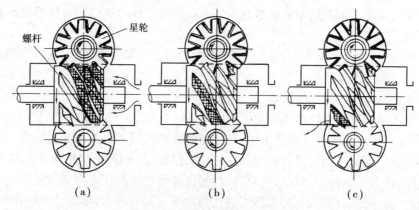

图 3.12　单螺杆空压机工作过程

(a)吸气;(b)压缩;(c)排气

图 3.13　工作容积、气体压力与
螺杆转角的关系

螺杆式压缩机一个工作周期(即空气由吸入到排出)内每个密封工作容积与螺杆转角的关系如图 3.13 所示。其理论循环示功图和实际循环示功图如图 3.14 所示。

相关知识

(一)活塞式空压机的类型及技术参数

1.活塞式空压机的类型

活塞式空压机按汽缸排列方式分为:立式、卧式、

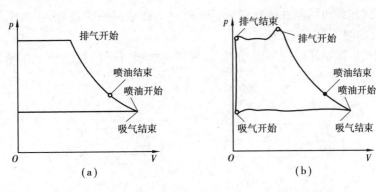

图 3.14 螺杆式空压机的循环示功图

(a)理论循环示功图;(b)实际循环示功图

角式。卧式又分为一般卧式、对称平衡型和对置型,如图 3.15 所示。

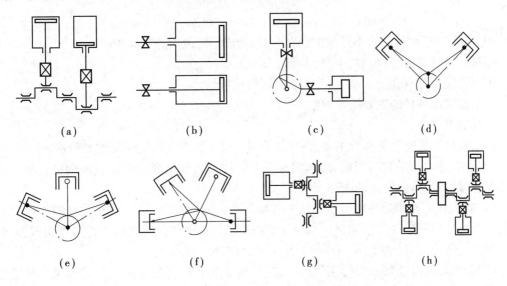

图 3.15 活塞式空压机结构示意图

(a)立式;(b)卧式;(c),(d),(e),(f)角度式(L,V,W 型,扇型);(g),(h)对称平衡式(M、H 型)

1)立式压缩机的汽缸轴线与地面垂直,其特点是:①汽缸表面不承受活塞重量,活塞与汽缸的摩擦和润滑均匀,活塞环的工作条件较好,磨损小且均匀;②活塞的重量及往复运动时的惯性力垂直作用到基础上,振动小,基础面积较小,结构简单;③机身形状简单,结构紧凑,重量轻,活塞拆装和调整方便。

2)卧式压缩机的汽缸轴线与地面平行,按汽缸与曲轴的相对位置的不同,又分为两种:①一般卧式,汽缸位于曲轴一侧,运转时惯性力不易平衡,转速低,效率较低。适用于小型压缩机;②对称平衡型,如图 3.15 中的 M 型和 H 型,汽缸水平布置并分布在曲轴两侧,因而惯性力小,受力平衡,转速高,多用于中、大型压缩机。

3)角式压缩机其相邻两汽缸的轴线保持一定的角度,根据夹角的不同,可分为 L 型、V 型和 W 型。其特点是:机身受力均匀,运转平稳,转速较高,结构紧凑,制造容易,维修方便,效率较高。

按汽缸容积的利用方式分为单作用式、双作用式和级差式压缩机。

（1）单作用式压缩机活塞往复运动时，吸、排气只在活塞一侧进行，在一个工作循环中完成一次吸、排气，如图3.16(a)所示。

（2）双作用式压缩机活塞往复运动时，其两侧均能吸、排气，在一个工作循环中完成两次吸、排气。如图3.16(b)所示。

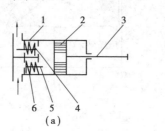 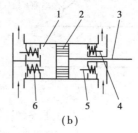

(a) (b)

图3.16 活塞式空压机

(a)单作用式；(b)双作用式

1—汽缸；2—活塞；3—活塞杆；4—排气阀；5—进气阀；6—弹簧

（3）级差式压缩机是大小活塞组合在一起，构成不同级次的汽缸容积。

按排气量分有微型、小型、中型、大型空压机。

按工作压力分有低压、中压、高压、超高压空压机。

2.活塞式压缩机的主要技术参数

1)性能参数

活塞式压缩机的性能参数主要有：排气量、排气压力、排气温度以及功率和效率。

（1）排气量是指单位时间内，压缩机最后一级排出的气体容积换算成压缩机在吸气条件下的气体容积量，单位为 m^3/min。

（2）排气压力是指最终排出压缩机的气体压力，单位为MPa。排气压力一般在压缩机气体最终排出处（即储气罐处）测量。多级压缩机末级以前各级的排气压力称为级间压力，或称该级的排气压力。前一级的排气压力就是下一级的进气压力。

（3）排气温度是指每一级排出气体的温度，通常在各级排气管或阀室内测量。排气温度不同于汽缸中压缩终了温度，因为在排气过程中有节流和热传导，排气温度要比压缩终了温度低。

（4）功率是指压缩机在单位时间内所消耗的功，单位为W或kW。有理论功率和实际功率之分，理论功率为压缩机理想工作循环周期所消耗的功，实际功率是理论功率与各种阻力损失功率之和。轴功率指压缩机驱动轴所消耗的实际功率，驱动功率即原动机输出的功率，考虑空压机实际工作中其他原因引起负荷增加，驱动功率应留有10%～20%的储备量，称为储备功率。

（5）压缩机的效率是指压缩机理想功率和实际功率之比，是衡量压缩机经济性的指标之一。

（6）容积比能是指排气压力一定时，单位排气量所消耗的功率，其值等于压缩机的轴功率与排气量之比。也是反映压缩机效率的指标。

2)结构参数

活塞式压缩机的主要结构参数有活塞的平均速度、活塞行程与缸径比、曲轴转速。

（1）活塞的平均速度可以反映活塞环、十字头等的磨损情况和气流流动损失的情况；它关系到压缩机的经济性及可靠性。

（2）曲轴转速指压缩机工作时曲轴的额定转速。它不仅决定压缩机的几何尺寸、重量、制造的难易、成本，并对磨损、动力特性以及驱动机的经济性及成本等产生影响。

（3）活塞行程指活塞在往复运动中，上、下止点之间的距离，单位为 mm。

（4）活塞行程与缸径比是活塞行程与第一级汽缸直径之比。它直接影响压缩机外形尺寸、重量，机件的应力和变形，气阀在汽缸的安装位置及汽缸中进行的工作过程。

（5）汽缸缸数指同一级压缩缸的个数。空压机的排气量与同级缸数成正比。

（6）级数指空气在排出压缩机之前受到压缩的次数，级数影响排气压力和空压机效率。只受一次压缩的称为单级压缩；受到两次压缩的称为两级压缩；两级以上的称为多级压缩。

3. 活塞式压缩机的型号

活塞式压缩机的型号反映了它的主要结构特点、结构及性能参数，型号由大写汉语拼音字母和阿拉伯数字组成，其表述如下：

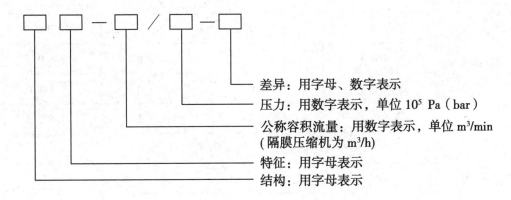

1）结构代号 表示汽缸的排列方式。V——V 型；W——W 型；L——L 型；X——星型；Z——立式；P——卧式；M——M 型；H——H 型；D——两列对称平衡型。

2）特征代号 表示具有附加特点。F——风冷固定式；Y——移动式；W——无润滑；WJ——无基础；D——低噪声罩式。

3）活塞力 表示压缩机在运行中，活塞所承受的气体压力、汽缸壁与活塞之间的摩擦力、运动部件的惯性力等各种力的总和，单位为 kN。其标注值约为实际值的十分之一。

4）排气量 单位 m^3/min。

5）排气压力 单位 MPa。

6）结构差异代号 区别改型，必要时才标注，用阿拉伯数字、小写拼音字母或二者并用。

型号举例：

（1）L_2—10/8 表示汽缸排列呈 L 型立卧结合的结构，活塞力为 19.6 kN，排气量为 10 m^3/min，排气压力为 0.8 MPa，往复活塞式压缩机。

（2）H_{22}—165/320 表示汽缸排列为 H 型对称平衡式结构，活塞力为 215.75 kN，排气量为 165 m^3/min，排气压力为 32 MPa，往复活塞式压缩机。

（3）VY—6/7 表示汽缸排列呈 V 型立卧结合的结构，移动式，排气量为 6 m^3/min，排气压力为 0.7 MPa，往复活塞式压缩机。

（二）螺杆式空压机的类型及技术参数

1. 螺杆式空压机的类型

螺杆式空压机的类型也很多,根据螺杆数量可分为单螺杆、双螺杆、三螺杆;根据冷却方式可分为风冷、水冷;根据润滑方式分为喷油润滑、无油润滑;根据压缩次数分为单级、两级等。其型号编制方法与活塞式空压机相同,结构代号为LG。

2. 螺杆式空压机的技术参数

煤矿上常用的螺杆式空压机的技术参数见表3.1。

表3.1 矿用螺杆式空压机的技术参数

<table>
<tr><td colspan="2">型　号
参　数</td><td>SM—222A
MLGF—3.6/7—22G</td><td>SM—337A
MLGF—5.8/8—37G</td><td>SM—345A
MLGF—7.2/7—45G</td><td>SM—455A
MLGF—9.6/8—55G</td></tr>
<tr><td colspan="2">冷却方式</td><td colspan="4">风冷</td></tr>
<tr><td colspan="2" rowspan="4">排气量/排气压力
m³/min/MPa</td><td>3.6/0.7</td><td>6.1/0.7</td><td>7.2/0.7</td><td>10.3/0.7</td></tr>
<tr><td>3.4/0.8</td><td>5.8/0.8</td><td>6.8/0.8</td><td>9.6/0.8</td></tr>
<tr><td>3.0/1.0</td><td>5.1/1.0</td><td>5.9/1.0</td><td>8.5/1.0</td></tr>
<tr><td>2.6/1.2</td><td>4.6/1.2</td><td>5.1/1.2</td><td>7.6/1.2</td></tr>
<tr><td colspan="2">排气温度</td><td colspan="4">≤80 ℃</td></tr>
<tr><td colspan="2">润滑油容量/L</td><td>22</td><td colspan="2">26</td><td>70</td></tr>
<tr><td colspan="2">气体含油量</td><td colspan="4">≤3～5 ppm</td></tr>
<tr><td colspan="2">噪音</td><td colspan="4">≤80±3 dB</td></tr>
<tr><td colspan="2">传动方式</td><td>皮带传动</td><td colspan="3">联轴器</td></tr>
<tr><td rowspan="4">电动机</td><td>功率/kW</td><td>22</td><td>37</td><td>45</td><td>55</td></tr>
<tr><td>启动方式</td><td colspan="4">直接启动</td></tr>
<tr><td>电压/V</td><td colspan="4">380/660/1 140</td></tr>
<tr><td>绝缘等级</td><td colspan="4">F 级</td></tr>
<tr><td rowspan="3">外形尺寸</td><td>长/mm</td><td>2 315</td><td colspan="2">2 520</td><td>2 815</td></tr>
<tr><td>宽/mm</td><td>890</td><td colspan="2">1 200</td><td>1 200</td></tr>
<tr><td>高/mm</td><td>1 350</td><td colspan="2">1 473</td><td>1 591</td></tr>
<tr><td colspan="2">质量/kg</td><td>650</td><td>1 450</td><td>1 520</td><td>2 230</td></tr>
</table>

续表

型号 参数		SM—475A MLGF—13/ 7—75G	SM—490A MLGF—16/ 7—90G	SM—5132A MLGF—20/ 8—132G	SM—5160A MLGF—25.5/ 8—160G	SM—5185A MLGF—30.4/ 8—185G
冷却方式		风冷				
排气量/排气压力 m³/min/MPa		13.0/0.7	16.0/0.7	21/0.7	26.5/0.7	32.0/0.7
		12.3/0.8	15.2/0.8	20/0.8	25.5/0.8	30.4/0.8
		10.9/1.0	13.6/1.0	19.7/1.0	22.3/1.0	27.4/1.0
		9.8/1.2	12.3/1.2	17.7/1.2	19.7/1.2	24.8/1.2
排气温度		≤80 ℃				
润滑油容量/L		80	80	105	135	150
气体含油量		≤3~5 ppm				
噪音		≤82±3 dB				
传动方式		联轴器				
电动机	功率/kW	75	90	132	160	185
	启动方式	直接启动				
	电压/V	380/660/1 140				
	绝缘等级	F 级				
外形尺寸	长/mm	2 815	2 815	3 400	3 500	3 640
	宽/mm	1 200	1 200	1 300	1 300	1 400
	高/mm	1 591	1 591	1 831	1 831	1 921
质量/kg		2 390	2 450	3 580	4 350	4 680

型号 参数	SM—490W MLGF—16/7—90G	SM—5132W MLG—20/8—132G	SM—5160W MLG—25.5/8—160G	SM—5185W MLGF—30.4/8—185G
冷却方式	水冷			
排气量/排气压力 m³/min/MPa	16.0/0.7	21.0/0.7	26.5/0.7	32.0/0.7
	15.2/0.8	20.0/0.8	25.5/0.8	30.4/0.8
	13.6/1.0	19.7/1.0	22.3/1.0	27.4/1.0
	12.3/1.2	17.7/1.2	19.7/1.2	24.8/1.2
冷却水量/m³/h	10.5	13.5	15.4	19.0
排气温度	≤40 ℃			
润滑油容量/L	80	105	135	150
气体含油量	≤3~5 ppm			

续表

型 号 参 数	SM—490W MLGF—16/7—90G	SM—5132W MLG—20/8—132G	SM—5160W MLG—25.5/8—160G	SM—5185W MLGF—30.4/8—185G
噪音	≤78 ±3 dB			
传动方式	联轴器			
电动机 功率/kW	90	132	160	185
电动机 启动方式	直接启动			
电动机 电压/V	380/660/1 140			
电动机 绝缘等级	F 级			
外形尺寸 长/mm	2 815	3 400	3 640	3 640
外形尺寸 宽/mm	1 200	1 200	1 300	1 400
外形尺寸 高/mm	1 611	1 791	1 797	1 922
质量/kg	2 450	3 780	4 520	4 890

 **任务实施**

(一)活塞式空压机的启动、停止操作

1. 活塞式空压机的启动

开机前应进行检查和准备的内容

(1)检查"交接班记录",看上一班机器运转有无异常情况,是否已进行处理。

(2)检查空压机地脚螺栓、各吸排气阀的阀盖螺母等紧固件的紧固情况。

(3)检查电源电压是否正常。

(4)检查三角皮带的松紧程度和联轴器安装是否正常。

(5)检查空压机的安全防护装置是否可靠,仪表是否正常,各种管路阀门是否完好。

(6)检查机身油池及注油器油位是否正常。

(7)打开进水及排水阀门,启动循环水泵,使水路畅通,并检查各连接处是否有漏水现象。

(8)关闭减荷阀(或打开排气管旁通放气阀门),减小空压机启动负荷。

(9)检查控制电器和空压机电动机启动手柄是否在启动位置。如无问题方可接通电源开机。

2. 开机运行

1)先将电动机启动开关间断点动,察听空压机的各运动部件有无异常声响。确认正常后方能启动电动机。

2)电动机启动后,空压机应空载运行 5～6 分钟,然后逐步打开进气阀门,进入带负荷运行。

3)空压机运行时应经常注意检查机身油池油面高度和注油器的油位和油滴数是否正常。

随时注意和检查各压力表、温度表所示读数,是否在规定允许的范围内。

以 4L—20/8 空压机为例:

一级排气压力表应为 0.2~0.22 MPa,不超过 0.24 MPa;

二级排气压力表应为 0.78 MPa,不超过 0.82 MPa;

润滑油压力表应为 0.1~0.2 MPa,不低于 0.1 MPa;

各级排气温度不超过 160 ℃。

冷却水排水温度不超过 40 ℃。

机身内油温应不超过 60 ℃。

4)随时注意电动机的温升及电流、电压表所示读数,应在允许规定的范围内。

5)当储气罐内压力达到规定数值时,应注意安全阀和压力调节器的动作是否灵敏、可靠;定期对安全阀作手动或自动放气试验。

6)空压机运行时,每工作 2 小时须将油水分离器的油水排放一次,储气罐内的冷凝油水每班应排放一次,空气湿度高时应增加排放次数。

7)空压机在下列情况下应紧急停车,并找出原因,排除后方能开机。

(1)一、二级排气压力表突然超过规定数值;

(2)冷却水突然中断供给,若断水后开车时间较长,则切不可立即向汽缸水套注入新的冷却水,应待汽缸自行冷却后再供水开机;

(3)空压机任何部位的温度超过允许值;

(4)空压机发出异常声响,如金属碰撞声和各连接处的松动等;

(5)润滑油突然中断供给时;

(6)空压机发生严重漏气、漏水时;

(7)电动机的滑环和电刷之间线路接头处有严重火花时;

(8)发现其他严重故障时。

3. 停机

(1)逐步关闭减荷阀门(或打开排气管旁通放气阀门),使空压机进入空载运转状态。

(2)切断电源。

(3)空压机停车 15 分钟后,才能停止冷却水泵,关闭冷却水进水阀。

(4)放出中间冷却器和储气罐中冷凝的油水;在冬季低温下应将各级水套和中间冷却器内的存水全部放尽,以免冻裂机体。

(二)螺杆式空压机的启动、停止操作

由于目前煤矿上使用的螺杆式空压机均为移动式,且均带有自动调节装置,故操作方法非常简单。

1. 螺杆式空压机的启动

(1)接通电源。

(2)打开供气阀门。

(3)按下"启动"按钮,主机运行、风扇运行指示灯亮,空压机呈星形启动,约 8 秒钟后自动切换成三角形运行。

(4)机组启动过程完成,空载运行 5 秒钟后空压机自动进入加载运行状态,加载灯亮。

（5）检查各处有无漏油漏气现象。

2. 机组工作运行阶段

（1）运行中定期检查观看指示面板上的信息，如排气压力、排气温度及各项指示灯状况，油位等是否正常。

（2）检查机组冷凝液是否能自动排出。

（3）做好工作运行记录，经常检查排气压力，排气温度是否正常，如有反常现象应及时分析查找原因。

3. 停机

（1）按下"停止"按钮后，空压机自动卸载约 20 秒钟后停机。若按下"停止"按钮前空压机已空载运行达 20 秒，接受停止命令后立即停机。

（2）紧急停机：当出现各种紧急情况时，按紧急停机按钮，机组立即停机，非紧急情况严禁使用。

以上操作步骤是对风冷的螺杆式空压机而言的，如果是水冷的，则应在开机前先开启冷却水，停机后再断开冷却水。

 **任务考评**

任务考评的内容及评分标准见表 3.2。

表 3.2　任务考评的内容及评分标准

序号	考评内容	考评项目	配分	考评标准	得分
1	活塞式空压机的工作原理	一级压缩实际循环 两级压缩实际循环	20	错一项扣 10 分	
2	螺杆式空压机的工作原理	单螺杆机工作原理 双螺杆机工作原理	20	错一项扣 10 分	
3	活塞式空压机的启动、停止操作	启动前的检查、启动的步骤、停止的步骤	30	错一项扣 10 分	
4	螺杆式空压机的启动、停止操作	启动前的检查、启动的步骤、停止的步骤	20	错一项扣 10 分	
5	遵守纪律文明操作	遵守纪律文明操作	10	错一项扣 5 分	
合计					

1. 空压机的作用是什么？

2. 活塞式空压机的组成及工作原理是怎样的？

3. 煤矿上为什么要用两级压缩的空压机？

4.螺杆式空压机的组成及工作原理是怎样的？

5.空压机的理论循环和实际循环有何不同？

6.活塞式空压机的启动、停止如何操作？

7.螺杆式空压机的启动、停止如何操作？

任务二　压气设备的运行与调节

知识点：

◆活塞式空压机的运行与调节

◆螺杆式空压机的运行与调节

技能点：

◆活塞式空压机的运行与调节

◆螺杆式空压机的运行与调节

 任务描述

由任务一可知。空压机是为井下的气动工具提供高压气体,驱动气动工具运转。所以,空压机的正常运行与否就直接影响气动工具的运转,继而影响井下的生产作业正常进行。另外,由于井下作业点的位置和气动工具的使用数量随时在发生变化,这就要求空压机能根据上述的变化,随时调节其供气量,保证气动工具的正常使用。本任务就针对活塞式空压机和螺杆式空压机的运行与调节进行学习。

 任务分析

（一）活塞式空压机的运行与调节

1.活塞式空压机的运行

1）先将电动机启动开关间断点动,察听空压机的各运动部件有无异常声响。确认正常后方能启动电动机。

2）电动机启动后,空压机应空载运行 5 ~ 6 分钟,然后逐步打开进气阀门,进入带负荷运行。

3）空压机运行时应经常注意检查机身油池油面高度和注油器的油位和油滴数是否正常。随时注意和检查各压力表、温度表所示读数,是否在规定允许的范围内。

以 4L—20/8 空压机为例：

一级排气压力表应为 0.2 ~ 0.22 MPa,不超过 0.24 MPa；

二级排气压力表应为 0.78 MPa,不超过 0.82 MPa；

润滑油压力表应为 0.1 ~ 0.2 MPa,不低于 0.1 MPa；

各级排气温度不超过 160 ℃。

冷却水排水温度不超过 40 ℃。

机身内油温应不超过 60 ℃。

4)随时注意电动机的温升及电流、电压表所示读数,应在允许规定的范围内。

5)当储气罐内压力达到规定数值时,应注意安全阀和压力调节器的动作是否灵敏、可靠;定期对安全阀做手动或自动放气试验。

6)空压机运行时,每工作 2 小时须将油水分离器的油水排放一次,储气罐内的冷凝油水每班应排放一次,空气湿度大时应增加排放次数。

7)空压机在下列情况下应紧急停车,并找出原因,排除后方能开机。

(1)一、二级排气压力表突然超过规定数值;

(2)冷却水突然中断供给,若断水后开车时间较长,则切不可立即向汽缸水套注入新的冷却水,应待汽缸自行冷却后再供水开机;

(3)空压机任何部位的温度超过允许值;

(4)空压机发出异常声响,如金属碰撞声和各连接处的松动等;

(5)润滑油突然中断供给时;

(6)空压机发生严重漏气、漏水时;

(7)电动机的滑环和电刷之间线路接头处有严重火花时;

(8)发现其他严重故障时。

在运转中应做到五勤:

1)勤看各指示仪表(如各级压力表、油压表、油温表等)和润滑情况(如注油器、油箱及润滑点)及冷却水流动情况;

2)勤听机器运转声音,可用听棍经常听一听各运动部位(气阀、活塞、十字头、曲轴轴承等)的声音是否正常;

3)勤摸各部位(如吸气阀、轴承、电动机、冷却水等)的温度变化情况及机件紧固情况(但一定要注意安全,最好停车检查);

4)勤检查整个机器设备的工作情况是否正常;

5)勤调整压缩机的工况(勤调整气压、油压、水温,勤放油水)使压缩机保持正常状况。

在运转中还应做到三认真:

1)认真填写机器运转记录。

2)认真搞好机房安全卫生工作,做好交接班工作,禁止非工作人员进入机房。

3)认真搞好机房设备,原材料、及辅助材料工具,建筑物的维护保养工作。

2. 活塞式空压机排气量的调节

空压机一般是根据气动工具所需的最大总耗气量来选用的。然而在工作中由于气动工具的使用数量随时在变化,故实际的用气量也是变化的。当用气量大于空压机排气量时,系统中的压力就会降低;当用气量小于空压机的排气量时,系统中的压力就会升高。要使系统中压力基本保持不变,就必须调节空压机的排气量,使排气量与用气量相对平衡。

活塞式空压机排气量调节方法有以下几种。

1)改变转速调节法

活塞式空压机的排气量与转速成正比,故改变空压机的转速就可达到调节排气量的目的。当转速降低时,排气量按转速成比例地下降,功率也成比例地下降,当压缩机停转时,排气量为零,压缩机轴功率也为零。因此,在调节幅度不大时,调节转速的经济性是好的。结构上,转速调节法不需设专门的调节机构,但其驱动变速装置相对较复杂。

对于用内燃机驱动的空压机,一般是利用储气罐压力的变化去操纵内燃机的油门以改变其转速而改变压缩机的转速。此法操作简单、使用方便。当转速降低时,能减少机械磨损,降低功率消耗。但调节比较粗糙,转速只能在 60% ~ 100% 范围内变动,多用于小型、微型移动式内燃机驱动的空压机。

对于用电动机驱动的空压机,改变转速可用变速电动机来实现,也可采用变频调速来实现,目前煤矿普遍采用变频调速。

2)空压机停转调节法

小型空压机常采用图 3.17 所示的压力继电器来实现停转调节。压力继电器与储气罐相连,并控制放气阀的开闭。当罐压升到额定值时,膜片 11 变形内凹推动推杆 13 带动杠杆 10 顺时针摆动,微动开关 9 常闭触点断开,切断电动机电路而自动停机,并使放气阀打开。当罐压降低到一定值时,弹簧力使触点闭合,接通电路关闭放气阀。空压机停转时的压力通过调节螺钉 8 调整弹簧的预紧力来控制。

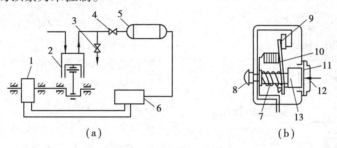

图 3.17 停转调节装置

(a)调节系统;(b)压力继电器

1—电动机;2—压缩机;3—放气阀;4—止回阀;5—储气罐;6—压力继电器;7—弹簧;
8—螺钉;9—微动开关;10—杠杆;11—膜片;12—进气口;13—推杆

这种调节方法由于启停电动机频繁,故多用于需长时间停止工作,并由电动机驱动的微型空压机和少数小型空压机。多机运转的压缩空气站,也用开、停部分空压机的方法进行调节。

3)控制进气调节法

这种调节法又分为改变进气量和关闭进气管两种方法。活塞式空压机采用的是关闭进气管调节法,而螺杆式空压机采用的是改变进气量调节法。

L 型空压机的关闭进气管调节装置由图 3.18 所示的减荷阀和图 3.19 所示的压力调节器两部分组成,压力调节器安装在减荷阀的侧壁上。储气罐中的压缩空气经管路接入压力调节器。

当储气罐中的压力高于压力调节器调定值时,压缩空气推动阀芯 2(图 3.19),打开通向减荷阀的通路,使压缩空气经管路进入减荷阀,推动小活塞 2(图 3.18)上行,使碟形阀芯 1 向上移动,切断空气进入一级汽缸的通路,空压机处于空转状态而不再吸、排气。

当储气罐中的压力下降到规定值时,压力调节器中的弹簧 4 把阀芯 2 顶回,切断压缩空气通往减荷阀的通路,减荷阀活塞缸内的压缩空气便返回调节器,从压力调节器中弹簧腔一侧开通的气路排到大气中,减荷阀的碟形阀芯 1 在弹簧 4 作用下重新打开,空压机恢复正常吸、排气。

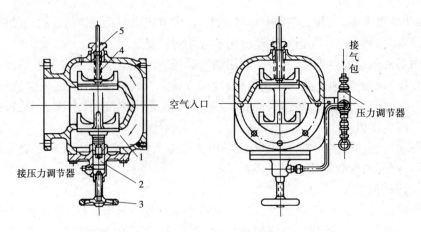

图 3.18　卸荷阀结构图

1—碟形阀;2—小活塞;3—手轮;4—弹簧;5—调节螺母

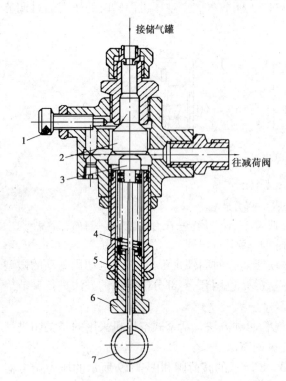

图 3.19　压力调节器结构

1—节流螺钉;2—阀芯;3—拉杆;4—弹簧;
5—外调节套;6—调节螺套;7—拉环手柄

减荷阀的开启压力可分别调整减荷阀上弹簧 4 的调节螺母 5 和压力调节器上的调节螺套 6 来实现。另外拉动压力调节器上的拉环手柄 7,通过拉杆 3 可使弹簧压缩,从而打开阀芯 2 接通减荷阀实现手动调节。

操作减荷阀上的手轮 3,推动小活塞上移,可人工关闭空压机进气口,使空压机空载启动,启动完毕,再反转手轮 3 把进气口打开,空压机进入正常运转。

4)压开吸气阀调节法

压开吸气阀调节法是利用压开装置,将吸气阀强行打开,使活塞吸气行程吸入的空气在活塞压缩行程时又从吸气阀排至大气,空压机排气量则由吸气阀被强制压开的时间而定。通过改变压开吸气阀的时间来调节排气量,可实现连续或分级调节。

图 3.20 所示为 L 型空压机的压开吸气阀调节装置。它由膜片、顶板、顶杆、顶脚等零件组成,安装在吸气阀上,其气室与压力调节器相通。当储气罐中的压力超过标定值时,压缩空气经压力调节器和导管进入由上盖 12 与橡皮膜片 11 组成的气室,压迫膜片下凹,推动顶板 13 下移,并通过顶杆 14 和顶杆座 17 将顶脚 1 压向进气阀的环状阀片,使进气阀处于开启状态。这样进入进气阀的空气又可从进气阀排出,不再被压缩,故压缩机无压缩空气排出,空压机处于空转状态。当储气罐中的压力降低到标定值,负荷调节器切断通往气室的气流通道,膜片上部气室的余气从压力调节器排放到大气中,顶脚 1 在弹簧 3 作用下向上托

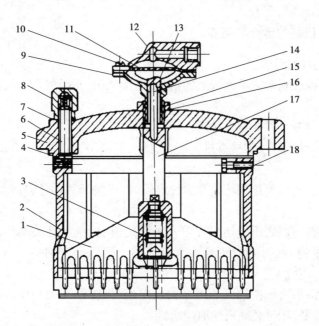

图 3.20　压开进气阀调节装置结构

1—顶脚;2—制动圈;3—弹簧;4,7,16—垫片;5—阀盖;6—气阀压紧螺钉;

8—气阀压紧螺母;9—接管下座;10—螺钉;11—膜片;12—接管上座;13—顶板;

14—顶杆;15—锁紧螺母;17—顶杆座;18—止紧螺钉

起,进气阀又处于正常工作状态,空压机恢复向储气罐供气。

这种调节方法比较经济,但阀片受额外的负荷,寿命较短,密封性较差。

5)改变余隙调节法

改变余隙调节法就是使汽缸和补助容积(余隙缸)连通,加大余隙容积,汽缸吸气时,余隙中的残留气体膨胀,使汽缸工作容积减少,从而降低吸、排气量。若补助容积的大小可连续变化,排气量即可连续调节。若补助容积为若干固定容积,则可分级调节。

图 3.21 为分级调节装置的示意图。在双作用汽缸上设置了 4 个容积相等的补助容器和卸荷器,当储气罐中的压力增加到一定值时,压缩空气经调节器(图中未画出)由进气管 4 进入卸荷器 1 内,推动小活塞将阀 2 打开,此时补助容器的腔室 3 与汽缸连通,一部分压缩空气进入腔室中,加大了余隙容积,当排气完

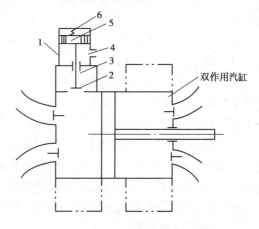

图 3.21　改变余隙调节装置原理

1—卸荷器;2—阀;3—补助容器腔室;

4—进气管;5—活塞;6—弹簧

毕活塞返回时,腔室 3 中的压缩空气与汽缸中的余气一起膨胀,因此进气量减少,相应的排气量也减少了:随着压力的变化,若连通补助容器的个数依次为 0、1、2、3、4 个,则汽缸排气量相应为 100%、75%、50%、25%、0。

(二)螺杆式空压机的运行与调节

1. 螺杆式空压机的运行

1)运行中定期检查观看指示面板上的信息,如排气压力、排气温度及各项指示灯状况,油位等是否正常。

2)检查机组冷凝液是否能自动排出。

3)做好工作运行记录,经常检查排气压力、排气温度是否正常,如有反常现象应及时分析查找原因。

4)当空气滤清器的压差达到压差开关设定值时,压差开关动作,控制面板提示报警,此时应清洗空气过滤器。

5)当油气分离器前后之压差达到压差开关设定值时,压差开关动作,表示油气分离器堵塞,控制面板提示报警,此时必须更换油气分离器。确保分离后的空气质量和压缩机正常运作。

6)当油过滤器前后之压差达到压差开关设定值时,压差开关动作,表示油过滤器严重堵塞,控制面板提示报警,此时必须更换油过滤器。

2. 螺杆式空压机排气量的调节

由于螺杆式空压机没有进气阀和排气阀,也没有余隙容积,所以其排气量调节就只有改变转速调节、控制进气量调节和改变内容积比调节三种方法。

1)改变转速调节法

由于螺杆式空压机的排气量与阳转子的转速成正比,故可通过改变驱动装置的转速来实现排气量的调节。目前大多数螺杆式空压机都采用变频调速装置来改变转速,从而实现排气量的调节。

2)控制进气量调节法

(1)通断(ON/OFF)调节

这种调节通常是靠装在螺杆压缩机的进气管道上的碟阀来实现。碟阀靠随阀杆转动的圆形阀板打开或关闭进气管道,从而达到调节的目的。圆形阀板从全开到全关旋转的角度通常小于90°。调节过程如图3.22所示。机组运行中,压缩机排气压力达到压差计设定的上限值时,电磁阀失电动作,其阀芯上移,使碟阀驱动汽缸放气,活塞杆缩回,带动碟阀关闭进气管道;同时使放空阀活塞右移打开放气,机组在卸载工况下工作。反之当压力降至压差计设定的下限值时,电磁阀得电动作,其阀芯下移,使碟阀驱动汽缸进气,活塞杆伸出推动碟阀打开,并使放空阀活塞左移关闭,机组在负载工况下工作。

(2)无级(容调)调节

无级(容调)调节是由容调阀根据压缩机排气口压力的高低,去控制进气阀的开启度来实现的。当压力升高时,气体通过容调阀的进气口将其膜片顶开,从容调阀出口流出的气体经节流孔流向驱动汽缸,推动驱动汽缸活塞杆伸出,去推动进气阀逐渐关闭,使空压机排气量逐渐减少。当压力下降时,容调阀在弹簧力的作用下将膜片关闭,切断驱动汽缸的进气,驱动汽缸的活塞杆在弹簧力作用下缩回,并带动进气阀逐渐打开,使空压机排气量又逐渐增加,如图3.23所示。

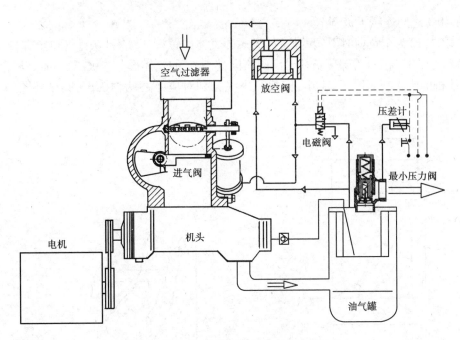

图 3.22　螺杆压缩机通断(ON/OFF)调节原理

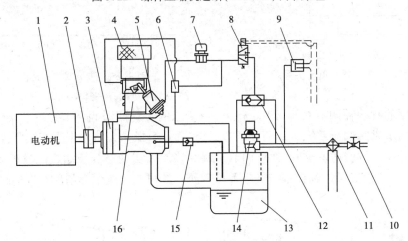

图 3.23　螺杆压缩机容调原理

1—电动机;2—联轴器;3—压缩机;4—空滤器;5—驱动汽缸;6—放空阀;7—容调阀;
8—电磁阀;9—压力继电器;10—闸阀;11—冷却器;12—最大压力控制阀;
13—油气分离器;14—最小压力阀;15—单向阀;16—进气阀

3)改变内容积比调节法

螺杆式空压机的重要特点之一就是具有内压缩过程,压缩机的最佳工况是内压缩比等于外压缩比,若两者不等,无论是欠压缩还是过压缩,其经济性都会降低。这种调节方法的原理是通过滑阀的移动来改变压缩机排气口的大小,从而改变其内压缩比和内容积比,实现排气量的调节。

图3.24为滑阀的移动与能量调节的原理图。采用滑阀调节能量,即在两个转子高压侧,装有一个能够相对于螺杆轴向移动的滑阀,通过改变螺杆的有效轴向工作长度,使能量在

100%和10%之间连续无级调节。

图3.24(a)为全负荷时滑阀的位置,吸入的气体经螺杆压缩后,从排气口全部排出,其能量为100%;图3.24(c)为部分负荷时滑阀的位置,吸入的气体部分未被压缩,而是从旁通口返回到压缩机的吸入端。图3.24(b)实线和虚线分别对应上述两种工况,其循环图如图3.25所示。

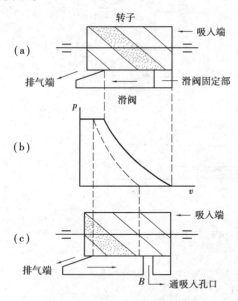

图3.24 滑阀位置与负荷关系

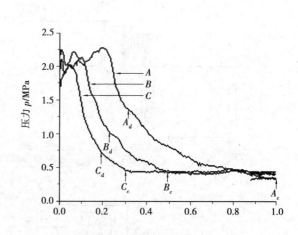

图3.25 能量调节循环图

A—100%负荷;B—75%负荷;C—50%负荷

目前使用的有两种调节系统,即图3.26(a)所示的手动四通阀调节系统和图3.26(b)所示的三位四通电磁阀调节系统。这两种调节系统,都是由操作人员根据生产实际需要,手动操作四通阀或开关三位四通电磁阀,通过调节活塞的移动来实现螺杆压缩机能量滑阀的"加载、减载、停止"三种状态,以达到控制排气量及排气压力的目的。图示为滑阀正在"加载"。

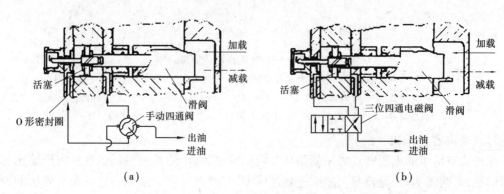

图3.26 两种调节系统

(a)四通阀能量调节系统;(b)三位四通电磁阀能量调节系统

相关知识

1. 活塞式空压机的余隙容积

由于活塞式空压机在结构、制造、装配、运转等方面的需要,汽缸中某些部位留有一定的空间或间隙,这部分空间或间隙就称为余隙容积(又称有害容积或余气容积)。

活塞式空压机在以下几个部位存在着余隙容积:

1)活塞运动排气行程终了时,其端面与汽缸端面之间的间隙;

2)汽缸孔镜面与活塞外圆(从端面到第一道活塞环)之间的间隙;

3)气阀至汽缸容积的通道所形成的容积;

4)气阀本身所具有的容积,如阀座的通道、弹簧孔等(通道容积所占比例最大,环形间隙值甚微)。

活塞式空压机的余隙容积,有的是结构上的需要,有的是难以避免的。如活塞运动到排气终了位置时,其端面与汽缸端面之间的间隙,主要是考虑到以下几个因素而保留的。

1)活塞周期运动时产生的摩擦热和压缩气体时产生的热量,使活塞受热膨胀,产生径向和轴向的伸长,为了避免活塞与汽缸端面发生碰撞事故及活塞与缸壁卡死,故用余隙容积来消除。

2)对压缩含有水滴的气体,压缩时水滴可能集结。对于这种情况,余隙容积可防止由于水的不可压缩性而产生水击现象。

3)零部件的制造及组装总是存在尺寸偏差的。

4)运动部件在运动过程中可能出现松动,使结合面间隙增大,部件总尺寸增长。

气阀到汽缸容积的通道所形成的余隙容积则是由于气阀布置而难以避免的。

当空压机排气时,余隙容积使部分压缩气体不能排出。当空压机吸气时,这部分余气会膨胀,而使空压机吸入的气体体积减少,相应排气量也减少。排气压力越高,余气膨胀体积越大,对空压机吸排气量的影响也越大,如图 3.27 所示。所以在设计汽缸时,要预先考虑到余隙容积对排气量的影响。在考虑制造、装配和安全运转等情况下,应尽量使余隙容积小些。但有时为了调整活塞对曲轴的作用力,相应会加大些余隙容积,这在对称平衡式和对置式空压机中经常碰到。另外,在空压机调节方法中,可采用改变余隙容积的方法来调节排气量。

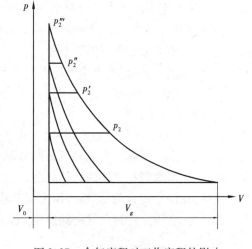

图 3.27　余气容积对工作容积的影响

2. 空压机采用的润滑方法

空压机采用的润滑方法有下列几种:

1)压力润滑法

压力润滑法又称为强制润滑法。即用油泵或注油器将润滑油压入润滑部位进行润滑。在大、中型带十字头的空压机中均采用此种方式。

2）飞溅润滑法

此润滑方法是靠做旋转运动的齿轮或其他零件（如甩油环）将油甩起飞溅到各润滑部位进行润滑，因而其润滑效果较差。同时存在只能采用一种润滑油，油位必须严格控制的缺点。此种方法多用于无十字头的小型压缩机中。

3）喷入润滑法

喷入润滑法是将润滑油以雾状喷入气体进入汽缸等润滑地点，如超高压压缩机、滑片压缩机及螺杆压缩机均采用喷油润滑。

4）滴油润滑法

滴油润滑法是利用油杯和输油管道，把润滑油送到应该加油的机件上去，或者按时用油壶加注润滑油。

 任务实施

（一）活塞式空压机的调节

1. 空压机停转调节

将一台小型空压机空运转起来，在其工作排气过程中，逐渐关闭排气管路上的阀门，使排气压力逐渐升高，观察压力表和压力继电器动作情况。然后又逐渐打开排气管路上的阀门，使排气压力逐渐下降，观察压力表和压力继电器动作情况。从而掌握此方法的调节原理。

注意：在任务实施前，应检查压力继电器的动作情况，确保能正确通断。在任务实施过程中，应密切注意防止将排气管路阀门完全关闭，以防出现意外事故。

2. 关闭进气管调节

将一台 L 型空压机空运转起来，在其工作排气过程中，逐渐关闭排气管路上的阀门，使排气压力逐渐升高，观察压力表和压力调节器动作情况，也可通过拉动压力调节器的拉环，进行人工控制，从而掌握此方法的调节原理。

注意：在任务实施前，应检查压力调节器的动作情况，确保能正确通断。在任务实施过程中，应密切注意防止将排气管路阀门完全关闭，以防出现意外事故。

3. 压开吸气阀调节

将一台 L 型空压机空运转起来，在其工作排气过程中，逐渐关闭排气管路上的阀门，使排气压力逐渐升高，观察压力表和压力调节器动作情况，也可通过拉动压力调节器的拉环，进行人工控制，从而掌握此方法的调节原理。

注意：在任务实施前，应检查压力调节器的动作情况，确保能正确通断。在任务实施过程中，应密切注意防止将排气管路阀门完全关闭，以防出现意外事故。

（二）螺杆式空压机的调节

1. 关闭进气管调节

将一台螺杆空压机空运转起来，在其工作排气过程中，逐渐关闭排气管路上的阀门，使排气压力逐渐升高，观察压力表和压力调节器动作情况，也可通过拉动压力调节器的拉环，进行人工控制，从而掌握此方法的调节原理。

注意:在任务实施前,应检查压力调节器的动作情况,确保能正确通断。在任务实施过程中,应密切注意防止将排气管路阀门完全关闭,以防出现意外事故。

2.控制进气量调节

将一台螺杆空压机空运转起来,在其工作排气过程中,逐渐关闭排气管路上的阀门,使排气压力逐渐升高,观察压力表和压力调节器动作情况,也可通过拉动压力调节器的拉环,进行人工控制,从而掌握此方法的调节原理。

注意:在任务实施前,应检查压力调节器的动作情况,确保能正确通断。在任务实施过程中,应密切注意防止将排气管路阀门完全关闭,以防出现意外事故。

 任务考评

任务考评的内容及评分标准见表3.3:

表3.3 任务考评的内容及评分标准

序号	考评内容	考评项目	配分	评分标准	得分
1	活塞式空压机的运行	运行时应检查的项目 五勤、三认真的内容	20	错一小项扣2分	
2	活塞式空压机的调节	三种调节方法的调节过程	30	错一项扣10分	
3	螺杆式空压机的运行	运行时应检查的项目	10	错一小项扣2分	
4	螺杆式空压机的调节	三种调节方法的调节过程	30	错一项扣10分	
5	遵守纪律文明操作	遵守纪律文明操作	10	错一项扣5分	
合计					

 复习思考题

1.活塞式空压机运行时应注意检查哪些方面的内容?

2.活塞式空压机运行时,工作人员应做到"五勤"、"三认真"是什么?

3.活塞式空压机有哪几种调节方法?其调节过程如何?

4.螺杆式空压机运行时应注意检查哪些方面的内容?

5.螺杆式空压机运行时,哪些元件发生堵塞了会报警?

6.螺杆式空压机有哪几种调节方法?其调节过程如何?

7.压力调节器在空压机中起什么作用?

8.什么叫余气(隙)容积?它对活塞式空压机有何影响?

9.空压机采用了哪些润滑方式?

任务三　压气设备的维护与故障处理

知识点：

◆活塞式空压机的结构

◆螺杆式空压机的结构

◆活塞式空压机的日常维护

◆螺杆式空压机的日常维护

技能点：

◆活塞式空压机的故障处理

◆螺杆式空压机的故障处理

任务描述

为了使压气设备能够稳定、高效、正常地工作，就要学习掌握空压机的结构，按规定对其进行日常的维护保养，以减少故障的发生。当设备出现故障时，能够正确地分析故障的原因，找到解决处理的方法，迅速进行修复，尽量减少对生产造成的影响和损失。本任务就是要通过空压机结构的学习，弄清楚空压机各组成部分的结构，为维护保养、故障分析处理打好基础。

任务分析

（一）活塞式空压机的结构

从任务一已经知道，活塞式空压机根据汽缸的排列分为立式、卧式、角式等，但不论是哪一种排列方式的，其结构组成都大同小异。下面以煤矿使用的 L 型空压机为例进行学习。

图 3.28　L 型空压机外形

煤矿使用的 L 型空压机，按排气量和排气压力，大多数属于中型压缩机。其动力平衡性能好，运行可靠，产品标准化、系列化，安装、使用与维修较简单和方便。常用的有 L_2—10/8 型、$L_{3.5}$—20/8 型、$L_{5.5}$—40/8 型、L_8—60/8 型和 L_{12}—100/8 型。均为二级双缸双作用水冷固定式结构，一般都设有润滑油冷却器。排气量在 20 m^3/min 以下的采用带传动，40 m^3/min 以上的采用直接传动，即电动机转子直接装在曲轴端部或通过联轴器与曲轴连接，其外形如图 3.28 所示。

图 3.29 为 L 型空压机的构造示意图。从图中可以看出：一级汽缸为立式，二级汽缸为卧式，两汽缸呈 "L" 形布置。其动力传递过程是：电动机 1→带轮 2→曲轴 3→连杆 4→十字滑块 5→活塞杆 6

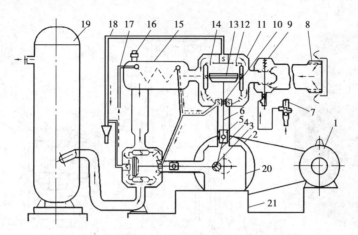

图 3.29　矿用活塞式 4 L 空压机的构造示意图

S—冷却水套；——气流方向；----—冷却水流方向

1—电动机；2—三角带轮；3—曲轴；4—连杆；5—十字头；6—活塞杆；7—压力调节器；
8—滤风器；9—减荷阀；10—填料；11—汽缸；12—吸气阀；13—活塞；14—排气阀；
15—中间冷却器；16—安全阀；17—进水管；18—出水管；19—储气罐；20—机身；21—底座

→活塞 13。压气流程是：自由空气→滤风器 8→减荷阀 9→一级吸气阀 12→一级汽缸 13→一级排气阀 14→中间冷却器 15→二级吸气阀→二级汽缸→二级排气阀→后冷却器（图中未画）→储气罐 19。冷却水流程是：冷却水→进水管 17→中间冷却器 15→汽缸水套 S→出水管 18→总回水管。

　　L 型空压机由传动、压气、润滑、冷却、调节、保护这六大部分组成。其中，传动部分包括带轮、曲轴、连杆、滑块、轴承等零件；压气部分包括汽缸、活塞、吸气阀、排气阀等零部件；润滑部分包括油泵、油管、滤油器等；冷却部分水冷的包括冷却器、冷却水管、冷却水套等；保护部分包括安全阀、释压阀、温控阀、断水保护、断油保护等。

1.传动部分零部件结构

1）机身结构

　　机身是空压机全部机件的支撑部分，其内部安装各运动部件，并为传动部件定位和导向。运转时，机身要承受活塞与气体的作用力以及运动部件的惯性力，并将这些力和本身重力传到基础上。机身的结构按空压机型式的不同分为立式、卧式、角度式和对置式等。

　　图 3.30 为 L 型空压机的机身剖视图。机身与曲轴箱为一整体，在垂直和水平颈部分别制成立列和卧列的十字滑块滑道，两颈部端面以法兰盘形式与汽缸相联结。曲轴箱两侧壁上开有安装曲轴轴承的主轴承孔，曲轴箱的右端和一、二级十字头滑道的正、反面都开有观察窗口，便于连杆、十字滑块、活塞杆、填料等的拆装及活塞止点的调整和观察运动部件的运转情况。还开设了能使机体内部与大气相通的呼吸窗，起降低油温、平衡机身内外压力的作用。机身底部兼作润滑油池。机身用地脚螺栓与基础固接。

　2）曲轴结构

　　曲轴是活塞式空压机的重要运动件，它接受电动机输入的动力，并把这动力转变为活塞的往复运动而做功。其结构如图 3.31 所示。曲轴两端的轴颈 1 上各装有一盘 3622 型双列向心球面滚柱轴承 5。右端有锥度的外伸段 7 与带轮连接，左端中心装有传动润滑油泵的小轴 10。曲轴的曲拐段 3 上并列安装两根连杆。两个曲臂 2 上各装有一块平衡铁 8，以平衡曲拐段产

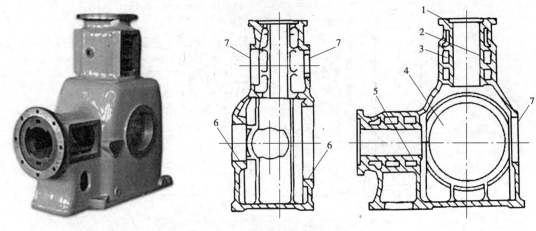

图 3.30　L 型机体结构

1—立列结合面;2,5—十字头滑道;3—冷却水套;4—曲轴箱;6—滚动轴承孔;7—观察窗口

生的不平衡力。曲轴上还钻有润滑油孔,使润滑油能通到各润滑部位。

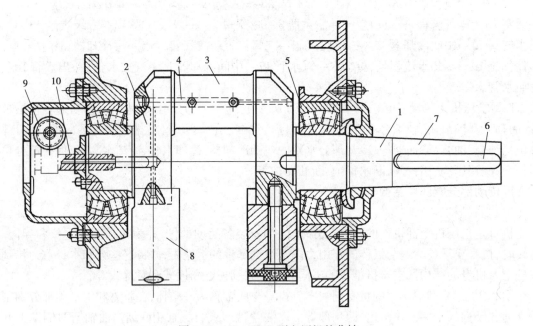

图 3.31　4L—20/8 型空压机的曲轴

1—主轴颈;2—曲臂;3—曲拐;4—曲轴中心油孔;5—双列向心球面滚子轴承;6—键槽;
7—曲轴外伸端;8—平衡铁;9—蜗轮;10—传动小轴

3)连杆结构

连杆是将曲轴的旋转运动变换为活塞往复运动的传力构件。它包括杆体、小头、大头三部分,如图 3.32 所示。杆体为圆锥形,内有贯穿大、小头的油孔。连杆大头为剖分式结构,内装浇有巴氏合金的轴瓦,大头的两半部分合抱在曲轴曲拐上,然后用螺栓联结为一个整体。两半部分的结合面上装有调整垫片,可调整轴瓦与曲拐间的间隙。连杆小头内装有磷青铜轴瓦以减小摩擦,磨损后可更换。连杆小头瓦内穿入十字头销与十字头相连接。

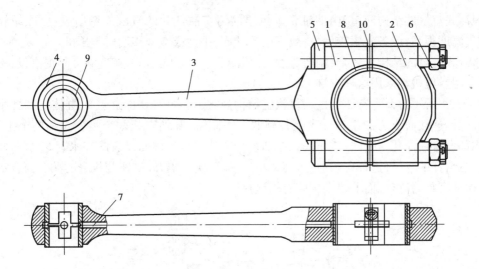

图 3.32　连杆的构造

1—大头;2—大头盖;3—杆体;4—小头;5—连杆螺栓;6—连杆螺母;7—杆体油孔;
8—大头瓦;9—小头瓦;10—垫片

4)十字头结构

十字头是连接活塞杆与连杆的运动部件,其结构如图 3.33 所示。由于内部有纵横相交的孔,犹如十字故而得名。十字头的一端用螺纹与活塞杆连接,调节活塞杆的拧入深度,可以改变汽缸的余隙容积大小。十字头的另一端插入连杆小头与十字头销连接。十字头销穿过连杆小头和十字头两侧的锥形孔,用键 3 和压板 5、螺钉 4 固定在十字头体上。十字头销和十字头摩擦面上分别加工有油孔和油槽,从连杆小头流出的润滑油经油孔和油槽润滑连杆小头瓦和十字头摩擦面。

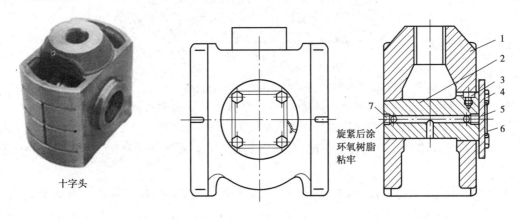

十字头

旋紧后涂
环氧树脂
粘牢

图 3.33　十字头部件

1—十字头体;2—十字头销;3—螺钉键;4—螺钉;5—盖;6—止动垫片;7—螺塞

2.压气部分零部件结构

1)汽缸结构

汽缸是空压机产生压缩空气的重要部件,由于承受气体压力大、热交换方向多变、结构较复杂,故对其技术要求也较高。根据冷却方式,一般分为风冷式和水冷式两种汽缸。

风冷式汽缸的结构简单,由曲轴带动风扇向铸有散热片的汽缸外壁扇风,故冷却效果较差,排气温度很高,设备效率较低,一般只用于低压、小型或微型移动式空压机。

水冷式汽缸的结构较复杂,制造难度大,但冷却效果好,能降低排气温度和提高设备效率,故大、中型空压机都采用这种汽缸。

图3.34所示为 L 型空压机的一级汽缸结构。它由三个铸铁件缸盖1、缸体4和缸座6用双头长螺栓连接而成。缸盖和缸座上各有四个气阀室,分别安装两个吸气阀和两个排气阀。缸体中部设有注油孔,孔外装逆止阀和注油管。紧贴汽缸工作面设有冷却水套5,水套外有暗气道。三铸件的水、气道各自相通,水套壁将进、排气阀室隔开,缸座与机身的贴合面有定位凸肩,为保证密封,各接合面上垫有橡胶石棉垫片。

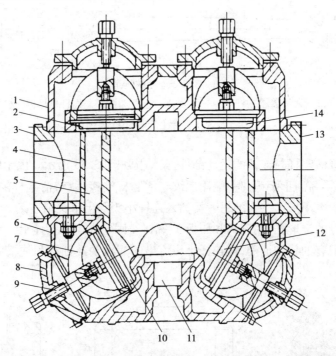

图3.34 L型空压机一级汽缸结构图

1—缸盖;2,10—排气阀;3—排气口法兰;4—缸体;5—冷却水套;6—缸座;7—制动器;
8—气阀盖;9—气阀压紧螺钉;11—填料室;12,14—进气阀;13—进气口法兰

为了避免缸体内壁即汽缸工作面(要求为镜面)的磨损和便于修理,通常在汽缸中镶入缸套。

为了保证汽缸的冷却,汽缸水套内必须有足够的冷却水流通,冷却水一般从下部进,上部出。

2)活塞组件结构

活塞组件由活塞、活塞环、活塞杆等部分组成。

(1)活塞 活塞按结构可分为筒形活塞、盘形活塞和级差式活塞等。

图3.35所示为小型空压机常用的筒形活塞。顶部装有起密封作用的活塞环2,靠曲轴箱一端装有防止窜油的刮油环3,刮油环3锋口朝向曲轴箱,并在活塞上设有回油孔4。活塞的下部称为裙部,与汽缸壁紧贴,起导向和将侧向力传给汽缸的作用。在裙部有活塞销孔,用来

安装活塞销和传递作用力。活塞销在销孔内和连杆小头孔内都不固定,称为浮动销,通常用弹簧圈 6 将活塞销卡在销孔内,以防止它的轴向位移。

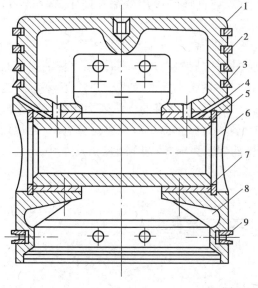

图 3.35　筒形活塞

1—活塞体;2—活塞环;3—刮油环;4—回油孔;5—活塞销;6—弹簧圈;

7—衬套;8—加强筋;9—布油环

图 3.36 为盘形活塞,用于中、低压汽缸中,与十字头相连而不承受侧向力。这种活塞除铝质外,一般铸成空心以减轻重量;两端面用加强筋连接来增加刚度,为避免受热变形,加强筋不应与四壁相连。两筋之间开清砂孔,清砂后须采取能防漏、防松的密封,并做水压试验。

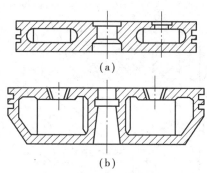

图 3.36　盘形活塞

(a)盘形;(b)锥形

(2)活塞环　它是汽缸工作表面与活塞之间的密封零件,同时起布油和散热的作用。活塞环上有一开口,称为切口。自由状态下,活塞环的外径大于汽缸的内径,环的内径小于活塞外径。当套在活塞环槽上装入汽缸后,环体收缩,切口处留有供环热膨胀的间隙。活塞环有一定的张力,靠此张力使环的外圆能紧压在汽缸工作表面上。切口的形式有直切口、斜切口(成 45°或 60°)、搭接口三种,如图 3.37 所示,以 45°的斜切口用得较多。

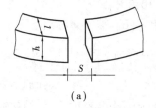
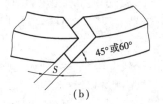
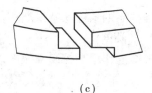

图 3.37　活塞环的切口形式

(a)直切口;(b)斜切口;(c)搭切口

每个活塞需装活塞环的数量与气体压力成正比。但最少得装两个,且切口应错开至少120°。

活塞环一般用铸铁制成。但在高压活塞上,为了延长环的使用寿命和防止汽缸被"拉毛",常在铸铁环上镶嵌青铜或轴承合金,或者镶填聚四氟乙烯。

(3)活塞杆 活塞杆一般采用优质碳素钢或合金钢制成,其一端与十字头连接,另一端与活塞连接。活塞杆与活塞的连接方式有两种:一种是圆柱凸肩连接,运转时,活塞杆的圆柱凸肩和锁紧螺母同时传递活塞力,因此,活塞螺母的连接要紧密牢固并有防松装置,活塞轴线与活塞杆轴线的同轴度,靠圆柱面的加工精度来保证,故活塞与凸肩的支承表面在加工时要配磨,以保证接触良好。另一种是锥面连接见图3.38,这种连接形式的特点是拆装方便,连接处的接触面积大、摩擦力增大而使连接更可靠,但锥度的配合要求高,加工难度也较大。

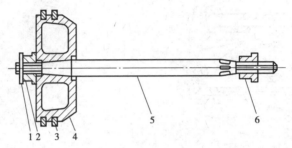

图3.38 活塞组件结构图
1—开口销;2,6—螺母;3—活塞环;4—活塞;5—活塞杆

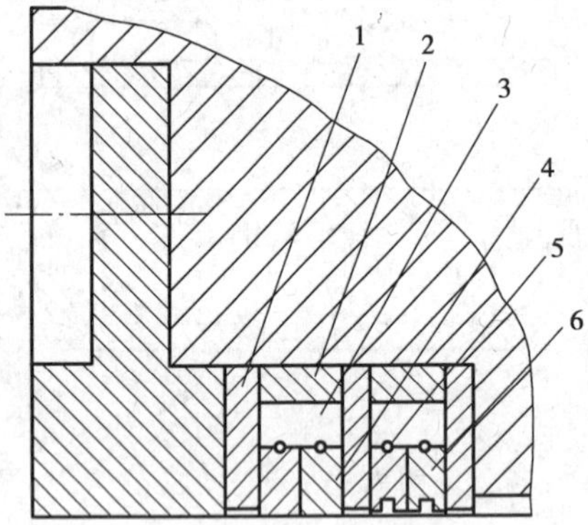

3)填料装置

填料装置的作用是阻止高压气体从活塞杆与汽缸盖之间的间隙向外泄漏。目前空压机填料装置多采用金属密封。图3.39所示是高压缸的金属密封结构图。由垫圈、隔环、密封圈、挡油圈、弹簧等组成。三个垫圈和两个隔环将密封部位分为两个隔室,前室(靠汽缸侧)内放置两道金属密封圈;后室(靠机身侧)内放置两道挡油圈,防止活塞杆使传动部分的润滑油进入汽缸。

密封圈采用三瓣斜口结构,如图3.40所示。外缘沟槽内放有拉力弹簧将其扣紧,使它们的内圆面紧贴在活塞杆上,当内圆面磨损后,借助弹簧的力量使密封圈自动收紧,确保密封效果。两道金属密封圈在放置时,其切口方向相反,切口互相错开。

图3.39 高压缸金属密封结构图
1—垫圈;2—隔环;3—小室;
4—密封圈;5—弹簧;6—挡油圈

挡油圈的结构和密封圈相似,只是内圈开有斜槽,以便把活塞杆上带的润滑油刮下来。

4)气阀结构

气阀的作用是控制气流的进出。其工作原理是利用气阀两侧的气压差,加上弹簧的作用力,使阀片能自动地开启和关闭,空气能顺利的吸入和排出汽缸。因此,气阀应达到如下要求:密封性能好,阻力小,阀片的启闭要及时、迅速和完全,气阀所造成的余隙容积要小,结构简单。

气阀的种类很多,但按其功能分为吸气阀和排气阀两种;按气流特点分为回流阀和直流阀两类。回流阀中,以环状阀的应用最为普遍,L型空压机就使用的这种类型的阀。

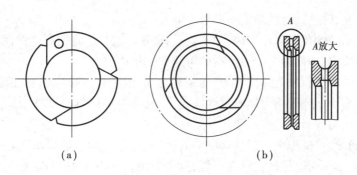

图 3.40 三瓣斜口密封圈和挡油圈
(a)密封圈;(b)挡油圈

(1)环状阀

环状阀的结构如图 3.41 所示。它由阀座 1、阀盖 2、阀片 3、弹簧 4、螺栓 5 和密封垫 6 等组成。吸、排气阀结构的不同在于吸气阀阀片只能向汽缸内开启,排气阀阀片只能向汽缸外开启。

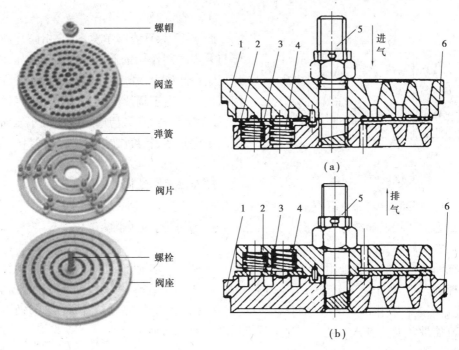

图 3.41 环状阀
(a)进气阀;(b)排气阀
1—阀座;2—阀盖;3—阀片;4—弹簧;5—螺栓;6—密封垫

阀座 1 的座面上有几个同心的环形通道,和对应于阀片数目的圆环形密封面,气阀关闭时,阀片 3 在弹簧 4 的作用力和气体的压力差作用下紧贴在阀座密封面上,截断气流通道。因此,对阀座密封面和阀片的平面度、相互贴合的密切程度的要求很高。

阀盖 2 的结构与阀座 1 相似,但其环形通道和阀座是错开的。中心的圆形凸台(又称升程限制器)起到控制阀片升起高度的作用。阀盖上设有若干支承弹簧的座孔,孔底常开有便于润滑油排出的小孔,防止阀片被粘附而动作失灵。

阀片 3 为简单的圆环形薄片结构,加工容易,便于标准化。每组阀上的阀片数量根据气流速度和排气量来确定,一般为 1~5 片,有的可达 8~10 片。

弹簧 4 提供作用于阀片上的压紧力,使阀片与阀座密封,并减缓阀片在启闭时的冲击力。环状阀一般采用多个小弹簧均匀地布置在阀盖上,在安装和维修时要注意同组阀乃至同级阀上所有弹簧的自由高度和弹力应一致。

连接螺栓 5 和螺母是用来连接气阀的各零件的,拧紧螺母后应采取防松措施。进气阀的螺母在阀座一侧、排气阀的螺母在阀盖一侧,这是识别和安装进、排气阀时的标志之一;另一标志是进气阀只能向汽缸内开启,排气阀只能向汽缸外开启。

环状阀的特点是结构简单,制造容易。安装方便,工作可靠;改变阀片环数,就能改变排气量,而不受压力和转速的限制。但由于阀片是分开的,各弹簧的弹力不一致,阀片启闭时就不易同步、及时和迅速,从而降低气体流量,影响压缩机的工作效率;同时,阀片的缓冲作用较差,冲击力大;弹簧在阀片上只有几个作用点,使阀片在气体作用力下产生附加弯曲应力,这都将加快阀片和凸台的磨损。

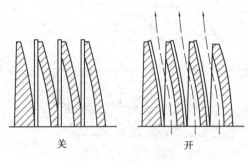

图 3.42 直流阀示意图

（2）直流阀

图 3.42 为直流阀示意图,它由阀片和兼有阀座与升程限制作用的阀体组成。气阀关闭时,阀片紧贴在阀座上,开启时,阀片反贴到升程限制的圆弧面上。由于阀片质量轻、阻力小、气体流速较高,故适宜高转速、高活塞速度的低压压缩机。但该阀结构复杂、精度要求高,阀片密封性差,故应用不广。

3. 润滑系统结构

空压机需要润滑的部位有汽缸、填料箱、曲轴轴颈、连杆大小头及十字头滑道等。图 3.43 所示是 L 型空压机的润滑系统,它分为汽缸润滑和运动机构的润滑两部分。

1）汽缸和填料箱的润滑

汽缸和填料箱的润滑是用注油器来完成的。如图 3.43 所示。曲轴 1 通过传动轴 2 带动蜗轮蜗杆副 3,驱动凸轮 20 转动,凸轮 20 带动柱塞 22 上下运动,将润滑油从注油器油池 17 中吸入,经过吸入口和排出口两个单向阀 19 后,送入汽缸和填料箱。旋转顶杆 23 可改变柱塞行程来调节油量多少。顶杆还可以作为空压机启动前的手动供油把手。

2）运动机构的润滑

运动机构的润滑由齿轮泵来完成。如图 3.43 所示。曲轴 1 通过传动轴 2 驱动齿轮泵,将润滑油从油池中吸入,并按齿轮油泵压油口→滤油器 11→传动轴 2 中心孔→曲轴中心孔→曲轴轴颈→连杆大头→连杆小头→十字头销→十字头滑道的油路压送至各运动部分进行润滑。油压大小可用压力调节阀 7 上的调压螺钉 9 进行调节,并通过压力表 12 进行指示观察。

3）润滑油

空压机对润滑油性能要求比较高,可选用 GB/T 3141—1994 规定的几种牌号的油,轻载用 L—TSA 和 L—DAA;中载用 L—DAB;重载用 L—DAC。润滑油选用的黏度等级夏季与冬季有所不同,汽缸润滑油:夏季用 150 号,冬季用 100 号压缩机油;运动部件润滑油:夏季用 68 号,

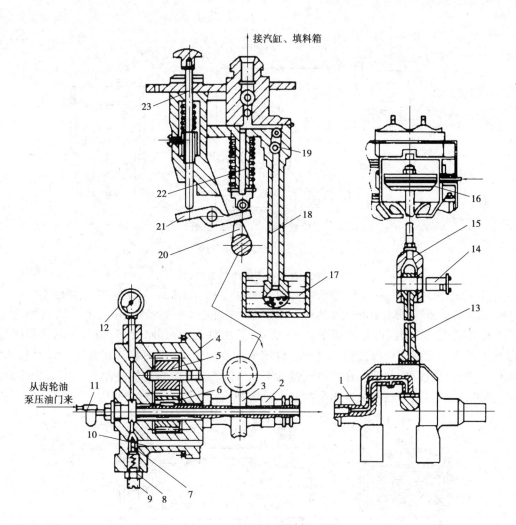

图 3.43 L 型空压机润滑系统

1—曲轴;2—传动轴;3—蜗杆副;4—齿轮泵外壳;5—从动齿轮;6—主动齿轮;7—压力调节阀;
8—螺母;9—调节螺钉;10—回油管;11—滤油器;12—压力表;13—连杆;14—十字头销;
15—十字头;16—活塞;17—注油器油池;18—注油器吸油管;19—单向阀;20—注油器凸轮;
21—杠杆;22—柱塞;23—顶杆

冬季用 46 号润滑油。

4.冷却系统结构

空压机中的压缩空气、润滑油都需要进行冷却,L 型空压机要求各级排气温度不超过 160 ℃,曲轴箱油温不超过 60 ℃,冷却水最高排水温度不超过 40 ℃。

空压机的冷却系统由水池、水泵、中间冷却器、后冷却器、润滑油冷却器、汽缸水套、冷却塔和管路组成,如图 3.44 所示。冷水泵 15 从冷水池 10 中抽送冷却水,经总进水管 1 进入空压机,然后分别进入中间冷却器 3、一级汽缸 4、二级汽缸 2、后冷却器 7、润滑油冷却器 8 进行冷却。冷却以后的水流回到热水池 9,由热水泵 13 抽送到冷却塔 12 冷却后又流回冷水池 10。当冷却水温过高时,可启动备用泵 14,增加冷却水流量,降低温度。

冷却器是冷却系统中的重要部件,按其在系统中的位置分为中间冷却器、后冷却器和油冷

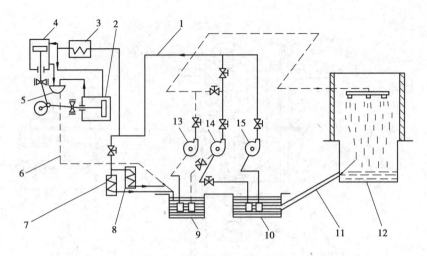

图 3.44　空压机冷却系统

1—总进水管;2,4——一、二级汽缸;3—中间冷却器;5—回水漏斗;6—回水管;7—后冷却器;
8—润滑冷却器;9—热水池;10—冷水池;11—水管;12—冷却塔;13—热水泵;14—备用泵;15—冷水泵

却器。L 型空压机的中间冷却器如图 3.45 所示,它由外壳、冷却水管芯、油水分离器等组成。冷却水管芯 2 由无缝钢管与散热片组成。冷却水在管内流动,压缩空气在管外沿垂直管芯方向冲刷,进行热变换,使高温的压缩空气冷却下来,冷却后的压缩空气经油水分离器 3 分离油水后,再进入二级汽缸压缩,分离出来的油水可定期由排水阀 4 排出。

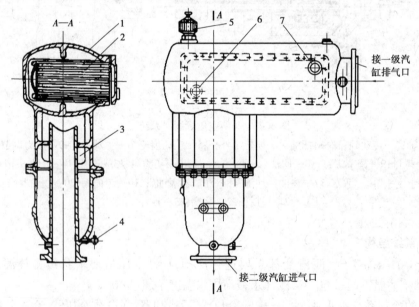

图 3.45　中间冷却器

1—外壳;2—冷却水管芯;3—油水分离器;4—排水阀;5—安全阀;6—冷却水进口;7—冷却水出口

润滑油冷却器为列管式结构,如图 3.46 所示。从空压机流出的热油在管外流动,冷却水在管内流动,将热油的热量带走。

5.调节装置结构

调节装置结构已在任务二空压机的调节中进行了介绍,故不再重复,请参看任务二。

6. 保护装置结构

为了防止空压机在运转中发生事故,实现安全运转,L 型空压机上设有安全阀、释压阀、油压继电器、断水开关等安全保护装置。

图 3.46　润滑油冷却器结构

1) 安全阀

安全阀分一级安全阀和二级安全阀。一级安全阀安装在中间冷却器上,二级安全阀安装在储气罐上。当各级排气压力超过安全阀整定压力时,安全阀自动开启,把部分压气泄于大气中,使系统中压力恢复到正常值。

L 型空压机使用的是直动式安全阀,其结构如图 3.47 所示。当空压机某级压力超过该级安全阀整定压力时,弹簧 2 被压缩,阀芯 4 上升,压气经阀座 3 由排气口 5 排出。当压力降低到整定压力以下时,弹簧 2 推动阀芯 4 下移,关闭排气口 5,切断压缩空气与大气的通道。

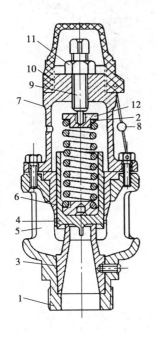

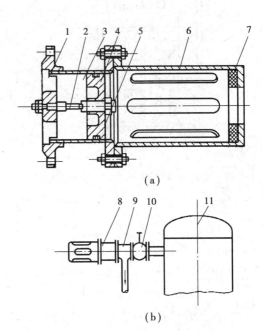

图 3.47　弹簧式安全阀

1—阀体;2—弹簧;3—阀座;

4—阀瓣;5—排气孔;6—阀套;

7—弹簧套筒;8—铅封;9—压力调节螺钉;

10—阀盖;11—锁紧螺母;12—弹簧座

图 3.48　释压阀的构造和安装位置

(a) 释压阀的构造; (b) 释压阀安装位置

1—卡盘;2—保险螺杆;3—汽缸;4—活塞;

5—密封圈;6—保护罩;7—缓冲垫;8—释压阀;

9—排气管;10—闸阀;11—风包

安全阀的整定压力由调节螺钉 9 进行调节,调节后用锁紧螺母 11 锁紧,盖上阀盖 10,并打上铅封 8。

2) 释压阀

释压阀是为防止压气设备爆炸而设的保护装置。当压缩空气温度或压力升高时,安全阀因流通面积小,不能迅速使压缩空气释放,而释压阀流通面积大,可以迅速使压缩空气释放,从而对设备起到保护。

释压阀的种类很多,图3.48是常用的一种活塞式释压阀结构。主要由汽缸、活塞、保险螺杆、保护罩等组成。释压阀安装在风包(储气罐)排气管正对气流方向上,如图所示。当压气设备因某种原因使压力上升到(1.05±0.05)MPa时,保险螺杆即被拉断,活塞冲到右端缓冲垫处,管道内的压气从保护罩四周的出气口迅速释放。

3)油压继电器

为防止空压机传动部分在无润滑油情况下工作,发生烧轴瓦、烧轴承的事故,在传动部分的润滑系统中,装有如图3.49所示的油压继电器。若润滑系统有一定压力,则推动耐油薄膜3向上运动,压缩弹簧5推动顶杆6上移,使微动开关7接通电气接点;当油压降低到一定值时,弹簧5推动顶杆6下移,电气接点断开,使空压机主电动机断电停止运转。

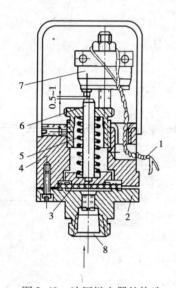

图3.49　油压继电器的构造

1—导线;2—底座;3—耐油薄膜;4—继电器;

5—弹簧;6—推杆;7—微动开关;8—油管接头

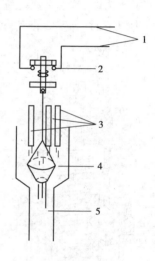

图3.50　断水开关

1—电源线;2—触点;3—水回水管;

4—回水漏斗;5—总回水管

4)断水保护开关

断水保护开关安装在冷却水总回水管漏斗处,是监视冷却水中断的保护装置。其原理如图3.50所示。当冷却水中断时,因漏斗中无水流过,重力变小,在弹簧作用下,触点2断开,电动机断电而停机。有冷却水流过漏斗时,因重力增大,接通触点2,使电动机通电启动。

(二)螺杆式空压机的结构

1.主机结构

1)喷油螺杆式空压机的主机结构

如图3.51所示为LGY—12/7和LGY—17/7型喷油螺杆式空压机的主机结构。这两种压缩机均采用内置的增速齿轮驱动阳转子。通过采用不同的增速齿轮。可方便地得到具有不同流量的压缩机。在转子的排气端,采用面对面配对安装的单列圆锥滚子轴承,可同时承受轴向力和径向力,并使转子双向定位。机体由吸气端盖、缸体、排气端盖三部分组成,在吸气端盖上设有吸气环槽,在缸体两端设有径向的吸、排气孔口。另外,在外伸轴处设有可靠的机械密封。

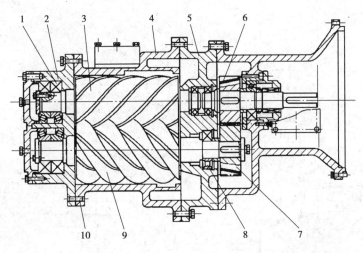

图 3.51 LGY—12/7 及 LGY—17/7 型喷油螺杆空压机的主机结构

1—圆锥滚子轴承;2—排气端盖;3—阴转子;4—汽缸体;5—吸气端盖;

6,7—增速齿轮;8—圆柱滚子轴承;9—阳转子;10—定位销

2)无油螺杆式空压机的主机结构

如图 3.52 所示为 LGW—40/7 型无油螺杆式空压机的主机结构。该压缩机的转子之间不能直接接触,所以阳转子是通过高精度的同步齿轮驱动阴转子的,而且阴转子上的同步齿轮是可调的,以确保转子间的啮合间隙处于理想范围。为了减小转子由于热膨胀而产生的不均匀变形,转子中心开有冷却油孔。

2.机体结构

机体由缸体和两端的端盖组成。在转子直径较小的情况下,常将一侧端盖与缸体铸成一体,制成带端盖的结构,转子从一端沿轴向装入。在转子直径较大的情况下,三者是分开的。大型的螺杆压缩机为了便于机器的拆装和间隙的调整,常将机体设计成水平剖分式。

1)缸体结构

缸体有单层壁和双层壁两种结构。喷油螺杆压缩机多采用单层壁结构的缸体,如图 3.53(a)所示。无油螺杆压缩机多采用双层壁结构的缸体,如图 3.53(b)所示。夹层内通有冷却水或其他冷却液,以保证汽缸形状不发生热形变。

2)转子

转子结构有整体式和组合式两种。当转子直径较小时,通常采用整体式结构。当转子直径大于 350 mm 时,常采用组合式结构,如图 3.54 所示。

转子的齿数一般有 4:6 和 5:6 两种,如图 3.55 所示。4:6 的两转子直径一样大,一般多用于喷油螺杆压缩机;5:6 的两转子直径不一样大,故需设同步齿轮,一般多用于无油螺杆压缩机。

3)轴承

在螺杆压缩机的转子上,作用有轴向力和径向力。轴向力是由于转子一端是吸气压力,另一端是排气压力;再加上压缩过程以及驱动啮合的受力等因素产生的。阳转子所受轴向力大约是阴转子的 4 倍。

径向力是由于转子两侧所受压力不同而产生的。由于转子的形状及用力作用面积不同,两转子所受的径向力大小也不同。因此承受径向力的轴承负载由大到小依次是:阴转子排气

129

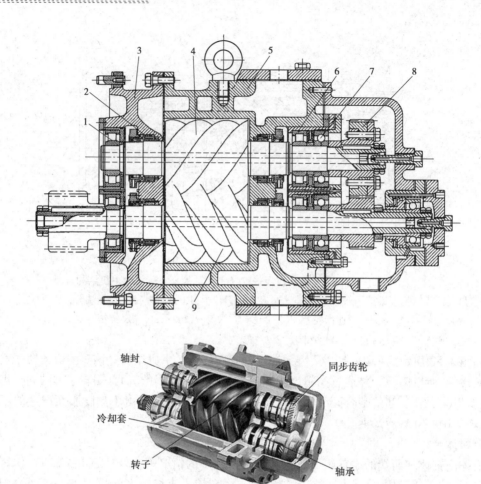

图 3.52　LGW—40/7 型无油螺杆空气压缩机结构

1,6—圆柱滚子轴承;2—轴封装置;3—吸气端盖;4—阴转子;5—机体;
7—球轴承;8—同步齿轮;9—阳转子

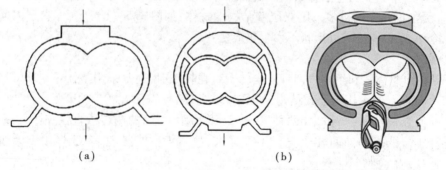

图 3.53　螺杆空压机汽缸结构

(a)单层壁汽缸;(b)双层壁汽缸

端轴承、阳转子排气端轴承、阴转子吸气端轴承、阳转子吸气端轴承。

　　螺杆压缩机常用的轴承有滚动轴承和滑动轴承。但无论采用何种轴承,都应确保转子一端固定,另一端能够伸缩。一般情况下,转子在排气端轴向定位,在吸气端留有较大的轴向间隙,让其自由膨胀。

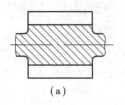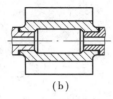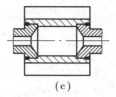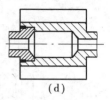

(a)　　　　(b)　　　　(c)　　　　(d)

图 3.54　转子结构
(a)整体式;(b),(c),(d)组合式

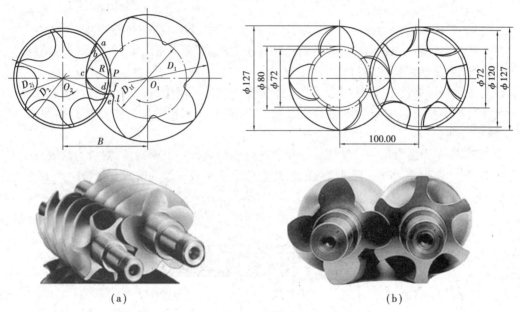

(a)　　　　　　　　　　　(b)

图 3.55　转子齿数
(a)5:5;(b)4:6

在喷油螺杆压缩机中,由于轴向力和径向力都不大,故都采用滚动轴承。承受轴向力的轴承总是放在排气端。通常用分别安装在转子两端的圆柱滚子轴承承受转子的径向力;用安装在排气端的一个角接触球轴承承受轴向力,并对转子进行双向定位。在一些机器中,用一对背靠背安装的圆锥滚子轴承或角接触球轴承同时承受轴向力和径向力,如图 3.56 所示。

在无油螺杆压缩机中,通常采用高精度的滚动轴承,以便确保安装精度,使压缩机获得良好的性能。但由于无油螺杆压缩机的转速很高,当其工作在中压或高压工况时,滚动轴承的计算寿命往往较低,因此无油螺杆压缩机的轴向或径向轴承有时也采用滑动轴承。

图 3.56　圆锥滚子轴承

4)轴封

(1)喷油螺杆压缩机的轴封

这类压缩机都采用滚动轴承,为了防止压缩腔的气体通过转子轴往外泄漏,在排气端的转子轴颈段与轴承之间装一个轴封。这种轴封结构如图 3.57 所示。在与转子轴颈段相对应的机体上开一油槽,通入有一定压力的密封液体,即可达到有效的密封。

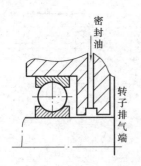

图 3.57　转子排气端轴封

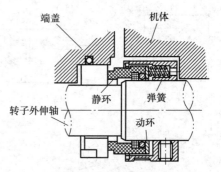

图 3.58　螺杆空压机转子外伸轴处的轴封

在吸气侧由于转子轴伸出机体,且内外存在一定压差,常采用图 3.58 所示的机械密封。

(2)无油螺杆压缩机的轴封

在无油螺杆压缩机中,压缩过程是在一个完全无油的环境中进行的,这就要求在压缩机的润滑区和气体区之间设置可靠的轴封。目前,无油螺杆压缩机的轴封主要有石墨环式、迷宫式、机械式三种。

图 3.59 所示为最常用的石墨环式轴封。这种轴封包括一组密封盒,密封盒的数量随工作压力而不同,一般为 4~5 个,且排气侧的密封盒数量多于吸气侧的密封盒数量。

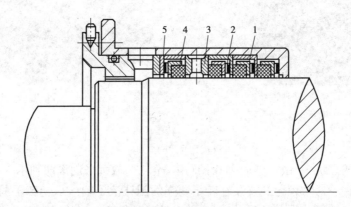

图 3.59　石墨环式轴封

1—保护圈;2—波纹弹簧;3—引气环;4—整圈石墨环;5—密封盒

石墨环式轴封的密封环 4 由摩擦系数较低的石墨制成,具有良好的自润滑性。为了保证强度和使环的热膨胀率与轴材料的热膨胀率相同,在密封环 4 上装有钢制的保护圈。

石墨环 4 在轴向靠波纹弹簧 2 压紧在密封盒 5 和保护圈 1 的侧面上,以防止气体经石墨环的两侧面泄漏。当轴的旋转中心发生变化时,借助于弹簧的作用,石墨环也移动到新的位置并保持在这一位置,从而防止了磨损现象的产生。

图 3.60 所示为无油螺杆压缩机中采用的迷宫式轴封。在这种轴封中,密封齿和密封面之间有很小的间隙,并形成曲折的流道,使气体从高压侧流向低压侧时产生很大的阻力,以阻止气体的泄漏。密封齿是加工在一个轴套上的,当密封齿损坏时可以更换。

在无油螺杆压缩机中,无论采用石墨环式轴封,还是迷宫式轴封,都可用压力稍高于压缩机内压力的惰性气体充入轴封内,以阻止高压气体向外泄漏。

当无油螺杆压缩机的转速较低时,还可以采用如图 3.61 所示的有油润滑的机械式密封。

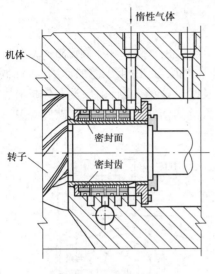

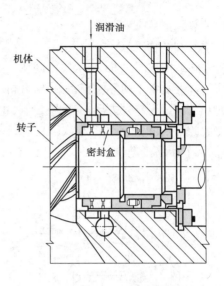

图 3.60 迷宫式轴封　　　　　　　　图 3.61 机械式轴封

5)同步齿轮

在无油螺杆压缩机中,转子间的间隙调整和驱动靠同步齿轮来实现。同步齿轮有可调式和不可调式两种结构,通常采用可调式结构。如图 3.62 所示,小齿圈 1 及大齿圈 2 都套在轮毂 3 上,调整小齿圈 1,使它与大齿圈 2 错开一个微小角度,就可减少与主动齿轮之间的啮合间隙。间隙调整适当后,将小齿圈 1、大齿圈 2 与轮毂 3 用圆锥销 4 定位,再用螺栓固定。为防止螺母松动,每两个螺母 5 之间用防松垫片 6 连接。

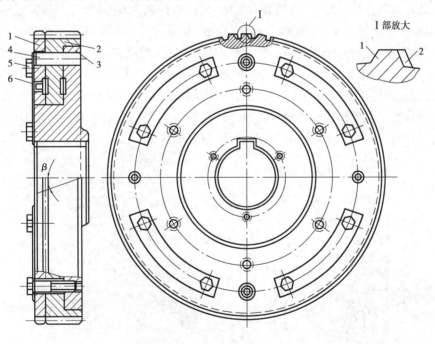

图 3.62 可调式同步齿轮

1—小齿圈;2—大齿圈;3—轮毂;4—圆锥销;5—螺母;6—防松垫片

3.调节装置

1)进气阀结构

进气阀结构如图 3.63 所示。由阀体 1、碟阀 2、回转式止回阀 3 和控制汽缸 5 组成。回转式止回阀自带配重 4 和氟橡胶密封圈,开机时压缩机主机吸气,由于压差的原因,止回阀迅速打开;当停机时,压差失去后,受配重控制,止回阀能及时迅速的关闭,确保没有停机吐油的现象。碟阀的开启和关闭受控制汽缸控制,根据控制汽缸的活塞杆伸出长短,碟阀打开或者关闭,从而调节压缩机进气量。

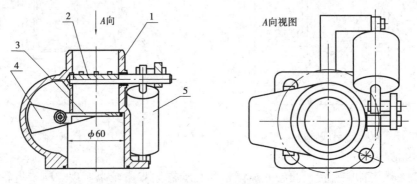

图 3.63　进气阀结构

1—阀体;2—碟阀;3—止回阀;4—配重;5—控制汽缸

2)温控阀

温控阀主要用于调节控制从油气分离器出来油的流向,从而控制进入螺杆机主机的润滑油温度,防治过高温度的油进入主机润滑系统,其结构如图 3.64 所示。当油温低于设定最低温度时,温控阀控制杆不膨胀,阀芯处于图示位置,从油气分离器来的油经阀口直接流向螺杆机主机;当油温在高于设定最低温度,低于设定最高温度时,温控阀控制杆膨胀,推动阀芯向右移动,使油气分离器来的热油一部分流向冷却器,剩下部分和冷却器返回的冷油混合后流向螺杆机主机;当油温高于设定最高温度时,温控阀控制杆使阀芯右移到底,油气分离器来的热油全部流向冷却器。温控阀设定最低温度 60 ℃,最高温度 75 ℃,油温到达设定最低温度时,阀芯开始向右移动,到达设定最高温度时,阀芯向右运动到底。

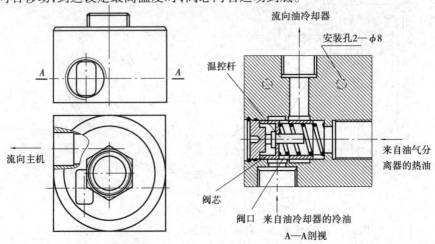

图 3.64　温控阀结构

4.保护装置

1)安全阀

安全阀安装在油气分离器上,对空压机进行限压保护,其结构如图 3.65 所示。为弹簧微启式。当油气分离器罐内压力低于安全阀调定值时,阀芯 3 在弹簧作用下处于关闭状态。当油气分离器罐内压力高于安全阀调定值时,阀芯 3 在气体压力作用下处于开启状态。罐内气体经安全阀口排入大气。

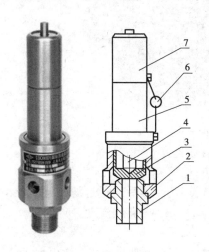

图 3.65 安全阀结构
1—阀座;2—阀体;3—阀芯;4—阀杆;
5—阀盖;6—铅封;7—阀帽

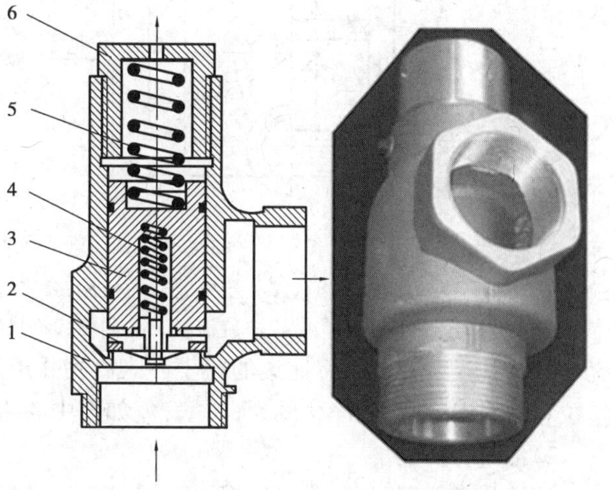

图 3.66 最小压力阀结构
1—阀体;2—止回阀芯;3—主阀芯;4—止回阀弹簧;
5—主阀弹簧;6—调压螺母

2)最小压力阀

最小压力阀位于油气分离器的顶盖上,其作用是确保油气分离器中的压力不低于 0.4 MPa,使润滑油能够在管路中正常流动。此外,当压缩机卸载或停机时,最小压力阀还可阻止管网中的气体倒流。

最小压力阀的结构如图 3.66 所示。由阀体 1、止回阀芯 2、主阀芯 3、止回阀弹簧 4、主阀弹簧 5、调压螺母 6 等组成。

经油气分离器分离后的压缩空气从最小压力阀下部进入,作用在阀芯上。当压力大于主阀弹簧调定值时,止回阀芯 2 及主阀芯 3 上移,打开排气口,压缩空气流出。当压力小于主阀弹簧调定值时,止回阀芯 2 及主阀芯 3 下移,关闭排气口。

5.辅助装置

1)空气过滤器

空气过滤器的主要功能是过滤空气中的尘埃和杂质,其结构如图 3.67 所示。由消声帽 1、出气管 2、过滤网 4、滤网架 5、旋流板 7、内筒 8、进气管 9、外筒 10 等组成。

空气沿切线方向进入外筒,并在外筒内高速旋转,气流中的尘粒在离心力作用下被分离出来,撞击外筒壁而坠入油池。气流掠过油面时,产生波动,夹带部分油液随气流旋转,在内筒壁上形成油膜。气流中的尘粒粘在油膜上,再次被分离,得到二次净化。油膜沿内筒壁向下流动,形成油幕,空气在穿过时受到油浴,使部分尘粒被分离。气流在内筒旋转上升,穿过旋流板后加速旋转,将气流中夹带的油滴一部分甩入油槽中通过回油管流入筒底,一部分沿内筒壁回

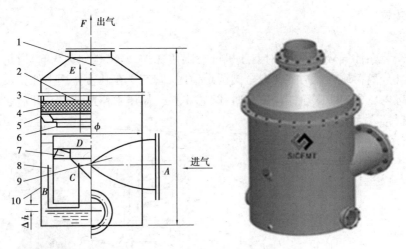

图 3.67　组合式空气消声过滤器

1—消声帽;2—出气管;3—压圈;4—过滤网;5—滤网架;6—挡圈;

7—旋流板;8—内筒;9—进气管;10—外筒

流,冲洗筒壁上的油膜,将捕集的粉尘冲入筒底并产生新油膜,气流最后通过过滤网滤去较小尘粒和油滴,从而达到净化的目的。气流如图中 $A→B→C→D→E→F$ 路线流动。

2)油气分离器

油气分离器用于喷油螺杆空压机中,其作用是把压缩空气中所含雾状的油分离出来,将压缩空气的含油量控制在 3～5 ppm 以下。其结构如图 3.68 所示。由壳体 1、初级滤芯 2、次级滤芯 3、最小压力阀 4 等组成。从螺杆空压机排出的压缩空气由进气管进入油气分离器,先用旋风分离的方法粗分离出大部分油,剩余的油经初级滤芯 2、次级滤芯 3 做进一步精分离而沉降在滤芯底部,滤芯底部的油利用压差经回油管引入压缩机进行润滑。在油气分离器上装有油位视镜 5、最小压力阀 4 和安全阀。油气分离器也兼作油箱和储气罐。

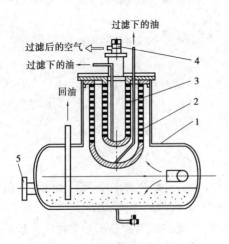

图 3.68　卧式油气分离器

1—油分离器;2—初级滤芯;3—次级滤芯;

4—最小压力阀;5—油位视镜

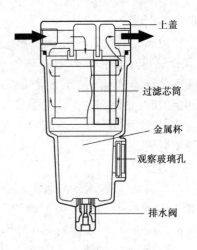

图 3.69　油过滤器结构

3）油过滤器

油过滤器的作用是对进入螺杆空压机的润滑油进行过滤,其结构如图 3.69 所示。由上盖、滤芯、壳体、排水阀等组成。从油冷却器(或温控阀)来的润滑油进入油过滤器,经滤芯过滤后流出。滤下的水和杂质落入壳体下部的金属杯内,定期清洗时由排水阀排出。

 任务实施

(一)活塞式压缩机的日常维护

1.活塞式压缩机日常维护的内容

1）认真检查各级汽缸和运动机件的动作声音,根据"听"辨别它的工作情况是否正常,如果发现不正常的声音立即停车检查;

2）注意各级压力表,储气罐及冷却器上的压力表和润滑油压力表的指示值是否在规定的范围内;

3）检查冷却水温度、流量是否正常;

4）检查润滑油供油情况,运动机构的润滑情况。L 型压缩机在机身十字头导轨侧面装有有机玻璃挡板,可以直接看到十字头运动及润滑油的供应情况;汽缸、填料处可用单向阀做放油检查,还可以检查注油器向汽缸中注油情况。

5）观察机身油池的油面和注油器中的润滑油是否低于刻度线,若低于则应及时加油(用油尺的须停车检查)。

6）用手感触检查机身曲轴箱处、十字导轨处、吸排气阀盖处温度是否正常。

7）注意电机的温升、轴承温度和电压表、电流表指示情况是否正常,电流不得超过电动机额定电流,当超过时,要找原因或停车检查。

8）经常检查电机内有无杂物甚至导电物体,线圈有否被损坏,定子、转子是否摩擦,否则电动机启动后会使电机烧坏。

9）水冷式压缩机若断水后不能立即通入水,要避免因冷热不均产生汽缸裂纹。在冬季停车后要放掉冷却水,以免汽缸等处冻裂。

10）检查压缩机是否振动、地脚螺钉有无松动和脱落现象。

11）检查压力调节器(或负荷调节器)安全阀等是否灵敏。

12）检查压缩机及附属设备和环境的卫生。

13）储气罐、冷却器、油水分离器都要经常放出油水。

14）所用润滑油要沉淀过滤,冬季与夏季压缩机油要区别使用。

2.日常维护保养的重点

日常保养的重点应是运行中的检查和调整,内容是检查各设备的润滑、冷却系统及调节安全装置有无异常声音、振动。压力、流量、温度、供油是否正常。对各处阀门应经常加油旋动,保持清洁、灵活,以免锈蚀,尤其是室外的和很少操作的阀门。

3.二级保养

1）停机立即放出曲轴箱内的润滑油(以免沉淀),然后清理油池、油管、滤油器、齿轮油泵、注油器,检查汽缸逆止阀的密封性能;

2）清洗曲轴至十字头的油孔和主轴承；

3）清洗活塞环，除去油垢、积炭，检查其磨损情况和间隙；

4）清洗各冷却器；

5）测量调整各摩擦表面的配合间隙（如活塞、活塞内外止点、十字头与滑道、连杆大小瓦、十字头销等）；

6）要对安全阀、压力表、铂热电阻温度计做校正检查，以确保灵敏可靠；

7）对磨损较大的零部件进行修理，局部恢复其原有精度，难以修复时应予以更换；

8）按规定牌号换上并加足经沉淀过滤后的润滑油。

4. 注意事项

1）维修前在电机开关柜或启动位置挂上"禁止合闸"的警示牌，以保证安全。

2）拆卸的零部件要按原样装回，先拆的后装、后拆的先装，不得互换。为防混淆，拆卸前可在醒目位置作上标记，在修理好的机件（如连杆大小瓦）更应作上装配标记；

3）浇有巴氏合金的摩擦面，禁止用砂布打磨或用锉刀锉削；

4）拆卸和装配时，不得乱敲乱打，应采用专用或自制工具拆装；注意不要碰伤、划伤机件，尤其是各摩擦表面。

5）清洗各机件时最好用柴油或煤油（禁用汽油），必须将油挥发干才能进行装配；

6）要防止杂物（如木屑、木片、棉纱、工具等）留在油池、汽缸、管道或储气罐内。装配前要做好机件的清洁，擦干后加入必要润滑油（或润滑脂）；

7）定期保养后的空压机，一定要经过空转或负荷试车，待检验正常后才能投入正式运行；

8）凡在保养、检查、修理后，都应详细的做好分类纪录，并注意对更换、易损零部件做记录，根据图纸对测绘资料进行对比，以做工作经验积累。

5. 压缩机的小修、中修和大修

压缩机的小修、中修和大修之间只有大概的区分，并无绝对的界线，而且各个使用单位的具体情况也不相同，所以划分不一。一般小修的内容就是消除压缩机的个别缺陷和更换个别零件，包括：

1）清洗研磨气阀，更换阀片或弹簧等；

2）检查刮修和调整各部分轴瓦；

3）检查与拧紧十字头、连杆、平衡块等部位螺钉；

4）清洗滤清器、阀门和管路系统；

5）修理更换密封填料；

6）检查清洗润滑系统；

7）清洗水套和冷却器；

8）检验安全阀与压力表。

中修一般运行 3 000 ~ 6 000 小时进行一次。中修除了要做好小修的全部工作外，还要拆卸修理更换部分机件。例如拆卸汽缸盖，更换活塞环，检查汽缸磨损情况。拆卸检查和调整曲轴、连杆、十字头的组合间隙。更换进排气阀门，各部分轴承及已损零件。使机器恢复正常工作。

压缩机大修一般运行 12 000 ~ 26 000 小时后进行一次。大修除了要做中修的全部工作以外，通常还要将机器全部拆开，更换部分零件，有时还要镗修汽缸（或换汽缸），更换活塞，修补机身和基座,重新配制轴承和换曲轴(或镀铬,喷镀再行磨削)等,大修时可能更换许多零件。实际上就是用重新安装、装配的方法来恢复压缩机的正常工作能力。

(二)螺杆空压机的日常维护保养

1. 准备工作

为确保机组正常运行和延长使用寿命,良好的维护保养是关键。因此,必须认真地执行螺杆压缩机组的维护保养规程。在着手进行维护之前,应做好以下准备工作:

1)切断主机电源并在电源开关处挂上标志。

2)关闭通向供气系统的截止阀以防压缩空气倒流回被检修的部分。决不要依靠单向阀来隔离供气系统。

3)打开手动放空阀,排空系统内的压力,保持放空阀处于开启状态。

4)对于水冷机器,必须关闭供水系统,释放水管路压力。

5)确保压缩机组已冷却,防止烫伤、灼伤。

6)擦净地面油痕、水迹以防滑倒。

2. 日常维护的主要内容

每天保养内容:

1)检查空滤芯和冷却剂液位;

2)检查软管和所有管接头是否有泄漏情况;

3)检查易耗件情况,已经到了更换周期必须停机予以更换;

4)检查主机排气温度,达到或接近98 ℃,必须清洗油冷却器;

5)检查分离器压差,达到0.06 MPa以上(极限0.1 MPa)时应停机更换分离芯;

6)检查冷凝水排放情况,若发现排水量太小或没有冷凝水排放,必须停机清洗水分离器;

7)检查空气压缩机是否有不正常响声。

每月保养内容:

1)检查冷却器,必要时予以清洗;

2)检查所有电线连接情况并予以紧固;

3)检查交流接触器触头;

4)清洁电机风扇吸风口表面和壳体表面的灰尘;

5)清洗回油过滤器;

每季度保养内容:

1)清洁主电机和风扇电机;

2)更换油过滤芯;

3)清洁冷却器;

4)检查最小压力阀、安全阀;

5)检查传感器。

每年保养内容:

1)更换润滑油及油气分离器滤芯;

2)更换空气过滤器滤芯,油过滤器滤芯;

3)安全阀校准;

4）检查弹性联轴器连接情况；

5）检查冷却风扇；

6）清洗自动排污阀；

7）补充或更换电动机润滑油脂；

8）检查、更换润滑油。

润滑油对喷油螺杆压缩机的性能具有决定性的影响，若使用不当则会导致压缩机体的严重损坏。润滑油的更换必须及时，否则油品的品质下降，润滑性能不佳，容易造成高温跳闸现象，同时因为油品的燃点下降，也易形成油品自燃而使空压机烧毁的事故。

当润滑油发生下述变化时，应换油：

含水量大于 0.1%；

酸值大于 2 mg KOH/g；

运动黏度变化超过允许值的 10%；

颜色变化至棕黑。

换油时应在机组尚热、油气分离器卸压后进行。先放完油气分离器中的油，再将新油注入油气分离器内，待液位计的油位高于"70"处后，旋紧加油塞。注意不要注油太多，否则多余的油会被气带走。换油时应同时更换油过滤器。更换油过滤器时，在新油过滤器的橡胶密封圈上涂上一层油，旋紧即可。

通常矿物型润滑油在累计运行 2 500 h 后换油，但是在一年中如果运行时间不足 2 500 h，一年后也必须换油。排放润滑油应在压缩机停车之后立即进行，这样可使悬浮在油中的微小颗粒随着润滑油一起排到机外。

（三）活塞式空压机的常见故障分析及处理

由于活塞式压缩机有承受交变载荷的部件，还有在高压下运动的部件，而且气体产生的压缩热和气体压力脉动以及机械振动等，使这些部件的受力和工况都很复杂，所以压缩机在运转中经常发生一些故障，其原因是复杂的，因此，必须经过细心观察分析，结合多方面试验和丰富的实践经验，才能判断出发生故障的真正原因。

活塞式压缩机运行中的异常现象主要有以下几方面：

1）压缩机异常振动；

2）压缩机声音异常；

3）压缩机异常过热；

4）压缩机吸排气压力异常；

5）压缩机排气量达不到设计要求；

6）压缩机油路供油异常；

7）压缩机水路供水异常；

8）压缩机易损件寿命短；

9）压缩机出现折断与断裂；

10）压缩机出现着火和爆炸；

11）指示图上显示的故障。

活塞式空压机运行中常见的故障现象及其原因和一般解决方法见表3.4。

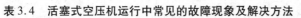

表 3.4 活塞式空压机运行中常见的故障现象及解决方法

故障现象	发生故障的原因	解决方法
压缩机汽缸异常振动	1. 压缩机安装时,没有调整好汽缸支腿与底座各处间隙,造成支撑不良 2. 安装压缩机各水管、气管之间的配管不符合要求,产生松动或过大的附加应力而造成管道振动,从而导致压缩机汽缸的振动 3. 压缩机汽缸余隙过小,上下死点造成活塞碰撞汽缸内端面,造成严重的撞击和振动 4. 压缩机活塞的压紧螺帽松动,会发生敲击和振动 5. 在安装、检修压缩机时,使杂物掉入汽缸,又没有进行有效的清理,导致撞击声和振动 6. 由于压缩机曲轴平衡块装配不当或飞轮动平衡性不良造成汽缸部分振动	1. 检查汽缸支腿各处间隙与螺栓受力的情况使之支撑良好 2. 检查压缩机各管道的匹配和连接安装是否符合技术要求,消除管路的振动 3. 进行检查,并应按规定留出合适的汽缸余隙 4. 立即停车检查,并加以可靠的紧固和止动 5. 拆开压缩机汽缸仔细进行检查和清洗,清除异物 6. 更换平衡铁,对飞轮进行动平衡换正
电机声音异常	1. 压缩机因超负荷产生的不正常响声 2. 压缩机回转部位接触产生的不正常声响	检查压缩机载荷情况并进行检修 检查确定并进行检修
活塞环故障引起的排气量异常	1. 活塞环因润滑油质差或注入量不够,使汽缸内温度过高,形成咬死现象,使排气量减少,而且可能引起压力在各级中重新分配 2. 活塞环与活塞上的槽间隙过大(包括径向和轴向间隙) 3. 活塞环装入汽缸中的开口间隙过小,受热膨胀卡住 4. 压缩机活塞环使用时间长了,磨损过大	1. 检查注油器及油管路,保证汽缸中有良好的润滑油;把活塞拆出来清洗并检查活塞环,经检查合格的活塞环可继续使用,损坏严重的更换 2. 装配时应进行选配 3. 压缩机装配活塞环时,应按技术要求检查开口间隙 4. 更换新的活塞环
活塞杆温度过热	1. 压缩机活塞杆与填料函装配时产生偏斜 2. 压缩机活塞杆与填料配合间隙过小(包括填料塞的太紧) 3. 压缩机活塞杆与填料的润滑油有污垢,或润滑油不足造成干摩擦 4. 填料函中有杂物 5. 填料函中的金属盘密封圈卡住,不能自由移动 6. 填料函中的金属盘密封圈装错,油路堵住,润滑油供不上 7. 填料函往机身上装配时螺栓紧的不正,使其与活塞杆产生倾斜,活塞杆在转运时与填料函中的金属盘摩擦加剧发热	1. 重新进行装配,不得偏斜 2. 压缩机活塞杆与填料应按规定的间隙装配,填料松紧要合适 3. 清洗油污垢,保证有足够的供油量或重新更换润滑油 4. 取出填料函拆开清洗 5. 在安装时应试一下,活动要自由,并按规定保持一定间隙 6. 拆开检查,看看是否装错,若错应及时改装过来 7. 检查并重装填料函,将其倾斜改过来
压缩机排气压力异常	压缩机排气阀、逆止阀阻力大,排气管路异常	检查逆止阀、全开排气阀过程,检查排除故障

续表

故障现象	发生故障的原因	解决方法
填料函 不严、 漏气	1. 填料函中密封盘上的弹簧损坏或弹力小，使密封盘不能与活塞杆完全密封 2. 填料函中的金属密封装置不当，与压缩机活塞杆有缝隙 3. 填料函的金属密封盘内径磨损严重，与活塞杆密封不严 4. 活塞杆磨损拉伤，部分磨偏不圆等也会产生漏气 5. 润滑油供应不足，填料函部分气密性恶化，形成漏气	1. 检查弹簧是否有折断，对弹力小、不合格的弹簧进行更换 2. 重新装配填料函中的金属密封盘使金属密封盘在填料函中能自由窜动，与活塞杆密封 3. 检查或更换金属密封盘 4. 检查修理压缩机活塞杆或更换新活塞杆 5. 保证填料函中有适量的润滑油

（四）螺杆式空压机的常见故障分析及处理

螺杆式空压机一旦发生故障，其指示面板上的指示灯会发出对应的信号，如果对压缩机原理和结构比较熟悉的话，那么对故障原因的分析及排除是不困难的。几种常见故障的分析及处理方法如表3.5。

表 3.5　螺杆式空压机的常见故障及分析处理

故障现象	发生故障的原因	解决方法
压缩机 不加载	1. 排气管路上压力超过额定负荷压力，压力调节器断开 2. 电磁阀失灵 3. 油气分离器与卸荷阀间的控制管路上有泄漏	1. 不必采取措施，排气管路上的压力低于压力调节器加载压力时，压缩机会自动加载 2. 拆下检查，必要时更换 3. 检查管路及连接处，若有泄漏则需修补
排气压力 过低	1. 手动阀及压力表漏气 2. 调节电磁阀漏气 3. 耗气量超过排气量 4. 空气滤清器滤芯阻塞 5. 安全阀泄漏 6. 进气调节器失灵 7. 压缩机失效	1. 检查排除泄漏故障或更换手动阀 2. 检查排除故障，必要时更换调节电磁阀 3. 检查管路有无泄漏，如有，则需排除泄漏点或减少用气量 4. 检查是否阻塞，必要时应清洗或更换 5. 检查是否漏气，必要时更换 6. 检查碟阀是否全部打开，检查压力开关上下限是否正常，必要时调整或更换 7. 与制造厂联系，协商后检查压缩机
排气压力 过高	1. 碟阀机械故障 2. 加载电磁阀漏气 3. 压力开关失灵	1. 检查碟阀机构排除故障 2. 检查排除故障，必要时更换电磁阀 3. 检查并调整压力开关上下限，必要时更换压力开关

续表

故障现象	发生故障的原因	解决方法
排气温度过高	1. 排气压力超过规定	1. 检查排气压力是否超过规定,如超过,应调整到规定的排气压力
	2. 润滑油缺少或污染	2. 检查润滑油是否清洁及油位是否正常,必要时应补足或更换润滑油
	3. 风冷电机及通风不良	3. 检查风扇电机转速是否正常、排气口是否堵塞
	4. 冷却器散热差	4. 检查油冷却器、后冷却器外表是否清洁,必要时清洁冷却器外表面
	5. 温控阀损坏	5. 检查温控阀是否损坏,进行修理或更换
	6. 油气分离器滤芯堵塞	6. 检查油气分离器滤芯是否堵塞或阻力过大,如有,更换油过滤器滤芯
压缩机耗油量大	1. 机内泄漏	1. 检查疏水阀排出的冷凝水含油量是否大,如大,应检查机组内泄漏点并予以排除
	2. 压缩机油位偏高	2. 检查压缩机油位是否偏高,如高,应降低油位
	3. 最小压力阀开启不正常	3. 检查压力阀开启压力是否正常,必要时应检查、更换阀门
	4. 回油管堵塞	4. 检查回油管是否堵塞,必要时应清洗或更换回油管
	5. 油气分离器滤芯失效	5. 检查油气分离器滤芯是否失效,必要时应更换油分离器滤芯
压缩机不供气	进气阀没打开	1. 检查控制油缸有无动作,检查碟阀有无机械故障 2. 查看加载电磁线圈是否有吸力 3. 逐一排查电磁阀所在的分电路
压缩机不能启动	1. 供电线路故障	1. 检查有无控制电压,若没有,则要检查熔丝等是否完好
	2. 控制继电器及时间继电器故障	2. 检查控制继电器及时间继电器运行是否正常
压缩机运转正常,停机后启动困难	1. 使用的润滑油牌号不对或油质变坏 2. 轴封严重漏气 3. 卸荷阀瓣原始位置变动	1. 应清洁后彻底换油 2. 拆下更换 3. 检查、重新调整位置
压缩机启动不畅,开机几秒钟后自动停机	1. 供电线路故障	1. 检查自动空气开关是否起跳,电压是否正常,应排除
	2. 进气碟阀关闭程度不正常	2. 应检查,需重新调整或更换
	3. 启动控制电路故障	3. 检查 Y-△ 启动接触器和电机三相是否正常

任务考评

任务考评的内容及评分标准见表3.6。

表3.6 任务考评的内容及评分标准

序号	考评内容	考评项目	配分	评分标准	得分
1	活塞式空压机的结构	六大部分的结构关系	30	错一部分扣5分	
2	螺杆式空压机的结构	四大部分的结构关系	20	错一部分扣5分	
3	活塞式空压机的日常维护	日常维护的内容(日、周、月检)	15	错一部分扣5分	
4	螺杆式空压机的日常维护	日常维护的内容(日、周、月检)	15	错一部分扣5分	
5	活塞式空压机的故障分析处理方法	故障分析处理方法	10	错一项扣2分	
6	螺杆式空压机的故障分析处理方法	故障分析处理方法	10	错一项扣2分	
合计					

复习思考题

1.活塞式空压机的传动部分结构、原理如何?

2.活塞式空压机的压气部分结构、原理如何?

3.活塞式空压机的冷却部分结构、原理如何?

4.活塞式空压机的润滑部分结构、原理如何?

5.活塞式空压机的调节部分结构、原理如何?

6.活塞式空压机的安全保护部分结构、原理如何?

7.螺杆式空压机的主机部分结构、原理如何?

8.螺杆式空压机的调节部分结构、原理如何?

9.螺杆式空压机的安全保护部分结构、原理如何?

10.螺杆式空压机的辅助部分结构、原理如何?

11.活塞式空压机的日常维护有哪些内容?

12.螺杆式空压机的日常维护有哪些内容?

13.活塞式空压机的故障分析处理方法如何?

14.螺杆式空压机的故障分析处理方法如何?

情境四
瓦斯抽放设备的操作与维护

任务一　水环式真空泵的操作

知识点：

◆水环真空泵的作用及组成

◆水环真空泵的工作原理

技能点：

◆水环真空泵的操作

 任务描述

水环真空泵是用来产生真空,抽吸或压送空气和其他无腐蚀性、不溶于水、不含有固体颗粒的各种气体的设备。由于该类泵在工作过程中需把液体(通常为水或油)抛向泵壳形成与泵壳同心的液环,液环同转子叶片间形成容积周期变化的数个密封小容积,故称为水环真空泵。该类泵允许吸入或压送的气体中含有少量液体,且在工作过程中对气体的压缩是在等温状态下进行的,因此此抽吸或压送易燃、易爆的气体时,不易发生危险,所以广泛应用于机械、石油、化工、制药、食品、陶瓷、制糖、印染、冶金、环保及电子等行业。在煤矿中主要用于瓦斯的抽放,也称为瓦斯泵。本任务就是要学习掌握水环真空泵的组成、工作原理以及操作方法。

 **任务分析**

1.水环真空泵的组成及工作原理

如图4.1所示为水环泵的工作原理示意图,水环泵由叶轮5、泵体8、配气圆盘(图中未画出)、水在泵体内壁形成的水环6、吸气口4、排气口1、辅助排气阀3等组成。叶轮5被偏心地安装在泵体8中,启动时向泵内注入一定高度的水作为工作液,当叶轮按顺时针方向旋转时,由于离心力的作用,装入水环泵泵体的水被叶轮抛向四周,形成了一个与泵腔形状相似的等厚度的封闭的水环6。水环的上部内圆表面恰好与叶轮轮毂相切,水环的下部内圆表面刚好与叶片顶端接触(实际上,叶片在水环内有一定的插入深度)。这样,叶轮轮毂与水环之间形成了一个月牙形空间,而这一空间又被叶轮分成与叶片数目相等的若干个小腔。

当叶轮旋转时,叶轮竖直中心线右侧小腔的容积逐渐由小变大,压强不断地降低,且与吸排气盘上的吸气口相通,当小腔空间内的压强低于被抽气体的压强时,根据气体压强平衡的原理,被抽的气体不断地被抽进小腔,此时处于吸气过程,当吸气完成时与吸气口隔绝。叶轮竖直中心线左侧小腔的容积逐渐由大变小,小腔压力不断地增大,此时处于压缩过程,当压缩的

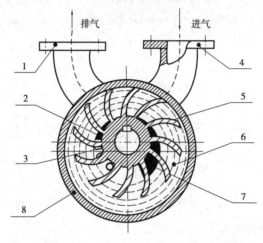

图4.1　水环泵的组成及工作原理示意图
1—排气口;2—排气孔;3—球阀孔;4—进气口;
5—叶轮;6—水环;7—吸气孔;8—泵体

气体提前达到排气压力时,可从辅助排气球阀处提前部分排气。随着小腔容积进一步地减小,压强进一步升高,当气体的压强大于排气压强时,被压缩的气体从排气口被排出。在泵的连续运转过程中,每个小腔不断地进行着吸气、压缩、排气过程,从而达到连续抽气的目的。

在水环式真空泵中,辅助排气阀的作用是消除泵在运转过程中产生的过压缩与压缩不足的现象,这两种现象都会引起过多的功率消耗。因为水环式真空泵没有直接的排气阀,其压缩比决定于进气口的终止位置和排气口的起始位置,而这两个位置是固定的,因而其排气压力始终是固定的,不适应吸气压力变化的需要。为解决这问题,一般是在排气口下方设置橡皮球阀,当泵腔内压力过早达到排气压力时,球阀自动打开,气体排出,消除了过压缩现象。一般在设计水环泵时都以最低吸入压力来确定压缩比,以此来确定排气口的起始位置,这样就解决了压缩不足的问题。

2. 水环真空泵的种类及型号

目前我国生产使用的水环真空泵种类很多,有单级、双级的,各厂家标注的型号意义也各不相同,因此在选用时应向厂家查询清楚。

根据中华人民共和国机械行业标准 JB/T 7673—95 的规定,国产各种真空泵的型号由基本型号和辅助型号两部分组成,两者中间为一横线。其表达型式为□□□—□□□。前三格中字母表示基本型号,后三格中字母表示辅助型号。

国产真空泵的型号通常以表4.1中的汉语拼音字母来表示。若在拼音字母前冠以"2"

字,则表示泵在结构上为双级泵。

表 4.1　常用真空泵的汉语拼音代号及名称

代 号	名 称	代 号	名 称
W	往复真空泵	Z	油扩散喷射泵(油增压泵)
D	定片真空泵	S	升华泵
X	旋片真空泵	LF	复合式离子泵
H	滑阀真空泵	GL	锆铝吸气剂泵
ZJ	罗茨真空泵(机械增压泵)	DZ	制冷机低温泵
YZ	余摆线真空泵	DG	灌注式低温泵
L	溅射离子泵	IF	分子筛吸附泵
XD	单级多旋片式真空泵	SZ	水环泵
F	分子泵	PS	水喷射泵
K	油扩散真空泵	P	水蒸气喷射泵

　　某些真空泵系列则以其抽气速率来分挡,其单位是"L/S",共分 18 个等级,分别为 0.2,0.5,1,2,4,8,15,30,70,150,300,600,1 200,2 500,5 000,10 000,20 000,40 000。真空泵系列有时也可用泵的入口尺寸来表示,其单位是"mm"。由于泵的种类较多,选用时应参阅不同生产厂家的产品说明书或样本。

　　下面介绍几种煤矿常用的水环真空泵的型号意义:

　　例 4.1　SK—12 型:

　　SK 表示为水环真空泵;12 表示该泵的最大抽气量为 12 m^3/min。其技术参数见表 4.2。

表 4.2　SK,2SK 系列水环真空泵主要技术参数

型 号	最大抽气量/(m³·min⁻¹)	极限真空度/MPa	功率/kW				转速/(r·min⁻¹)	压力/MPa	口径/mm		耗水量/(L·min⁻¹)
			真空泵		压缩机				进	出	
			SK	2SK	SK	2SK					
SK—1.5	1.5	−0.094	4	4	4	4	1 440	0~0.1	50	50	10~15
SK—3	3	−0.094	5.5	7.5	7.5	—	1 440	0~0.1	50	50	15~20
SK—6	6	−0.094	11	15	15	—	1 440	0~0.1	65	65	20~30
SK—9	9	−0.094	15	18.5	18.5	—	970	0~0.1	80	80	30~40
SK—12	12	−0.094	22	22	30	—	970	0~0.1	80	80	40~50
SK—15	15	−0.094	30	37	45	—	970	0~0.1	80	80	50~60
SK—20	20	−0.094	37	45	55	—	740	0~0.1	150	150	60~80
SK—30	30	−0.094	55	55	75	—	740	0~0.1	150	150	70~100
SK—42	42	−0.094	75	—	—	—	740	0~0.1	150	150	95~130

　　注:1.表内数值是在以下条件下得出的:吸入介质为 20 ℃的饱和空气,工作液温度为 15 ℃和出口压力为 1 个标准大气压。

　　2.真空度以绝对压强表示,表内性能指标允许偏差 ±10%。

　　3.2SK 除真空度外(可达 −0.098 MPa),其余数据与 SK 基本相同。

例 4.2 2BEA 系列泵：

该系列泵以 8 位的文字(字母)和数字组合表示其全称：

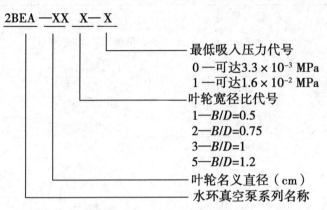

如:2BEA—203—0 型代表叶轮名义直径 200 mm,宽径比 1,最低吸入绝对压力可达 3.3 × 10^{-3} MPa 的两级水环真空泵。

该系列泵的技术参数见表 4.3。

表 4.3 2BEA 系列水环真空泵主要技术参数

型 号	极限压力/MPa	带一级大气喷射器时极限压力/MPa	最大气量/(m³·min⁻¹)	转速/(r·min⁻¹)	最大轴功率/kW	配用电机功率/kW	吸入和排出口径
2BEA—103—0	3.3 × 10^{-3}	1.8 × 10^{-3}	5	1 300	7	7.5	65
			6	1 450	8	11	
			6.5	1 625	10	11	
			7	1 750	11	15	
2BEA—153—0	3.3 × 10^{-3}	1.8 × 10^{-3}	7.5	1 300	11	15	100
			9	1 450	14	15	
			11	1 625	16	18.5	
			12	1 750	19	22	
2BEA—203—0	3.3 × 10^{-3}	1.8 × 10^{-3}	16	880	25	30	125
			19	980	30	37	
			21	1 100	36	45	
			22	1 170	40	45	
2BEA—253—0	3.3 × 10^{-3}	1.8 × 10^{-3}	30	590	37	45	150
			35	660	45	55	
			40	740	55	75	
			44	820	65	90	

续表

型 号	极限压力/MPa	带一级大气喷射器时极限压力/MPa	最大气量/(m³·min⁻¹)	转速/(r·min⁻¹)	最大轴功率/kW	配用电机功率/kW	吸入和排出口径
2BEA—303—0	3.3×10^{-3}	1.8×10^{-3}	47	530	58	75	200
			52	590	67	75	
			60	660	80	90	
			64	740	90	110	
2BEA—353—0	3.3×10^{-3}	1.8×10^{-3}	68	490	91	110	250
			75	530	105	132	
			85	590	126	160	
			95	660	154	185	
2BEA—400—0	3.3×10^{-3}	1.8×10^{-3}	80.8	330	102	132	300
			87.6	372	116	160	
			99.0	420	136.5	185	
			112.3	472	168	200	
			126	530	212	250	
2BEA—420—0	3.3×10^{-3}	1.8×10^{-3}	87.6	372	116	160	300
			99.0	420	136.5	185	
			112.3	472	168	200	
			126	530	212	250	
			140	595	238	280	

注:1. 基本参数是在温度为 20 ℃(空气),进水温度为 15 ℃,排气压力为一个标准大气压,空气相对湿度为 50%,并在规定转速的条件下测量的值。

    2. 每种泵允许有若干种配套转速、抽气量、轴功率与之相对应。

 相关知识

1. 瓦斯抽放

煤矿术语中的瓦斯是从英语 gas 译音转化而来,往往单指 CH_4(甲烷,也称沼气)。它是植物在成煤过程中生成的大量气体,又称煤层气。腐殖型的有机质,被细菌分解,可生成瓦斯;其后随着沉积物埋藏深度增加,在漫长的地质年代中,由于煤层经受高温、高压的作用,进入煤的炭化变质阶段,煤中挥发分解减少,固定碳增加,又生成大量瓦斯,保存在煤层或岩层的孔隙和裂隙内。地下开采时,瓦斯由煤层或岩层内涌出,污染矿内空气。每吨煤、岩含有的瓦斯量称为煤、岩的瓦斯含量,主要决定于煤的变质程度、煤层赋存条件、围岩性质、地质构造和水文地质等因素。一般情况下,同一煤层的瓦斯含量随深度而递增。

瓦斯从煤、岩层涌出的形式有:

1)缓慢、均匀、持久地从煤、岩暴露面和采落的煤炭中涌出,是矿内瓦斯的经常来源。

2)在压力状态下的瓦斯,大量、迅速地从裂隙中喷出,即瓦斯喷出。

3)短时间内煤、岩与瓦斯一起突然由煤层或岩层内喷出,即煤、岩和瓦斯突出。

单位时间涌出的瓦斯量称绝对涌出量(m^3/min);平均生产一吨煤涌出的瓦斯量称相对涌出量(m^3/t)。

根据我国《煤矿安全规程》的规定,按照 CH_4 相对涌出量和涌出形式将矿井分为三类:

1)相对涌出量等于或小于 $10\ m^3/t$ 为低沼气矿井;

2)大于 $10\ m^3/t$ 为高沼气矿井;

3)煤与沼气突出矿井。

瓦斯涌出量的大小决定于煤、岩层瓦斯含量和开采技术因素。瓦斯涌出量在同一矿井内随开采深度的增加、开采规模的扩大和机械化程度的提高而增大。

在标准状况下,甲烷至丁烷以气体状态存在,戊烷以上为液体。当其在空气中的浓度超过 55% 时,能使人很快窒息死亡,当其浓度在 6% ～19% 时,如遇明火,即可发生瓦斯爆炸,是煤矿生产中的主要危害因素,直接威胁着矿工的生命安全。因此,我国对瓦斯的防治十分重视,除采取一些必要的安全措施外,还加强了对瓦斯的抽放,最有效而广泛使用的方法是用管道将瓦斯抽到地面(见瓦斯抽放系统)。抽出的 CH_4 可做工业、民用燃料和化工原料。CH_4 燃烧热为 $(3.50 \sim 4.00) \times 10^4\ kJ/m^3$,$1\ m^3$ 瓦斯约相当于 $1.5\ kg$ 烟煤。

2. 瓦斯抽放系统

瓦斯抽放系统如图 4.2 所示。从井下抽出的瓦斯气体经抽放管道及流量计进入水环真空泵,然后排出,经气水分离器将气水分离后,送到储气罐储存,最后经防回火装置送至用户,如图 4.2 中黑色线路所示。

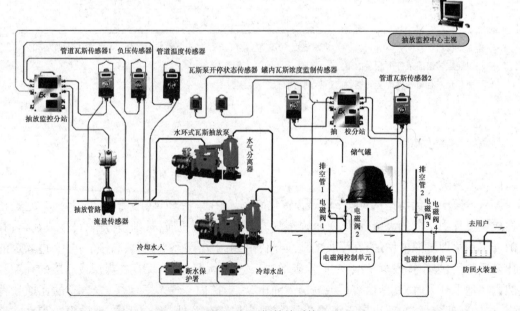

图 4.2　瓦斯抽放系统

在抽放管道上安装了流量传感器、瓦斯传感器1、负压传感器、温度传感器,在供气管道上安装了瓦斯传感器2、瓦斯浓度传感器,分别检测气体的各项参数,并将其变换为电信号送到抽放监控分站,抽放监控分站输出的信号一路去监控中心站主机,一路去控制4个电磁阀的通断。

 任务实施

1.水环真空泵的启动

1)启动前的检查

(1)检查机械、电器部分连接情况是否牢固,并用手转动泵联轴器盘车数周,以确认泵内无卡住或其他损坏现象后方可启动,启动前还应根据泵上的旋转箭头方向,确认电动机的转向是否正确。

(2)检查瓦斯含量,不得低于30%。

(3)检查电压,不得低于额定电压的5%。

2)准备工作

(1)向气水分离器注水。水位不得低于刻线以下10 mm。

(2)打开排气闸门,关闭进气闸门,打开减压闸门。

3)启动操作顺序

(1)启动电动机(首次启动应注意电机的转向是否正确);若泵为机械密封,应先给机械密封加水后再启动电动机;

(2)打开供水管路上的阀门,逐渐增加供水量,至达到要求为止;

(3)当泵达到极限真空压力时,关闭减压闸门,逐渐打开进气管路上的闸阀,泵开始正常工作;

(4)在运转过程中,注意调节填料压盖,不能有大量的水往外滴;

(5)泵在极限真空压力(低于 −0.092 MPa)下工作时,泵内可能由于汽蚀作用而发出爆炸声,可调节进气管路上的阀门增加进气量,爆炸声即可消失。若不能消失,且功率消耗增大,则表明泵已发生故障,应立即停车检修。

2.水环真空泵的停止

停止的操作顺序为:

1)关闭进气管上的阀门(作压缩机使用时应先关闭排气管上的阀门,然后关闭进气阀);

2)关闭供水管路上的闸阀,停水后,不应立即停泵,应使泵继续运转 1～2 分钟,排出部分工作液。若泵为机械密封,机械密封的冷却水不能关闭;

3)关闭电动机,再关闭机械密封冷却水;

4)断开空气开关;

5)如果停车时间超过一天,必须将泵及气水分离器内的水放掉,以防锈蚀。

工作中遇到下列情况时应立即停泵:

1)瓦斯含量低于30%;

2)机器发现异常振动和声音;

3)电机过负荷电流超过额定值,电机轴承超温;

4）盘根过热，不能消除或断水时。

任务考评

任务考评的内容及评分标准如表4.4所示。

表4.4　任务考评的内容及评分标准

序　号	考评内容	考评项目	配　分	评分标准	得　分
1	水环泵的作用	水环泵的作用	10	错一项扣5分	
2	水环泵的组成及原理	水环泵的组成及原理	20	错一项扣5分	
3	瓦斯抽放系统	瓦斯抽放系统	20	错一项扣5分	
4	水环泵的启动、停止	水环泵的启动、停止	40	错一项扣5分	
5	遵守纪律、文明操作	遵守纪律、文明操作	10	错一项扣5分	
合　计					

1. 水环泵的作用是什么？
2. 水环泵的组成及原理如何？
3. 瓦斯抽放系统的组成及工作过程如何？
4. 水环泵的启动、停止如何操作？

任务二　水环式真空泵的维护与故障处理

知识点：
◆水环式真空泵的结构
◆水环式真空泵的日常维护
技能点：
◆水环式真空泵的故障处理

任务描述

　　由任务一的学习，知道了水环式真空泵的作用、组成、工作原理，并了解了煤矿瓦斯抽放系统的组成及工作过程，由此可知水环式真空泵是煤矿瓦斯抽放系统中的重要部件，其工作状态的正常与否将直接影响到井下瓦斯的抽放，也直接影响到井下安全生产，因此学习掌握水环式真空泵的结构，做好泵的日常维护工作，确保泵的稳定正常运转是非常重要的。

任务分析

目前我国生产使用的水环式真空泵主要有 SK 系列、SZ 系列、2BE 系列,本任务将学习掌握这几种类型泵的结构及安装、维护内容。

(一)SK 系列水环式真空泵

1. SK 系列泵的结构

SK 系列泵的结构如图 4.3、图 4.4 所示。

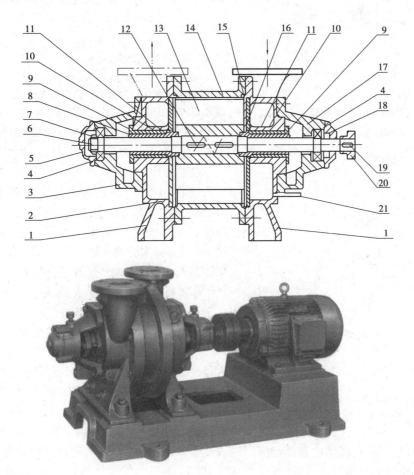

图 4.3　SK—1.5,SK—3 型水环式真空泵结构图

1—前、后泵盖;2,15—前、后圆盘;3,17—轴承架;4—轴承;5,18—轴承端盖;
6—泵轴;7—圆螺母;8,16—轴套;9—填料压盖;10—填料环;11—填料;
12—平键;13—叶轮;14—泵体;19—键;20—联轴器;21—进水管

泵由泵体、前后端盖、叶轮、轴等零件组成。进气管和排气管通过安装在端盖上的吸排气圆盘上的吸气孔及排气孔与泵腔相连,叶轮用键固定于轴上,偏心地安装在泵体中。泵两端的总间隙由泵体和圆盘之间的垫来调整,叶轮与前、后圆盘之间的间隙由轴套(SK—1.5/3/6型)或背帽(SK—12/20/30型)推动叶轮来调整;而 SK—42 型以上轴与叶轮为过盈配合,此间

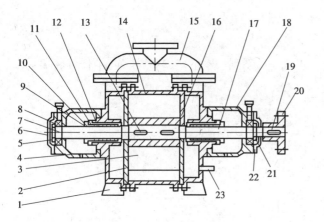

图 4.4 SK—6/12/30/42/60/85 型水环泵结构

1—端盖;2—后吸排气圆盘;3—叶轮;4—后轴架;5—圆螺母;6—后轴承压盖;7—轴;8—轴承;9—后轴套;
10—填料压盖;11—填料;12—填料压圈;13—平键;14—泵体;15—连通管;16—前吸排气圆盘;
17—前轴套;18—前轴承架;19—平键;20—联轴器;21—圆螺母;22—前轴承压盖;23—进水管

隙由前端定位时确定。SK—42/60/85/120 型无轴套,其余结构与 SK—6/12/20/30 型相同。叶轮两端面与前、后圆盘的间隙决定了气体在泵腔内由进气口至排气口流动中损失的大小及其极限压力。

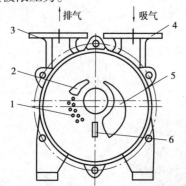

图 4.5 配气圆盘结构
1—橡皮球阀;2—排气孔;
5—吸气孔;6—进水孔

填料安装在两端盖内,密封水经由端盖中的小孔进入填料中,起到冷却填料及加强密封效果的作用。叶轮形成水环所需的补充水由供水管供给,供水管可与自来水管连接,也可与气水分离器连在一起循环供水。

如果密封形式采用机械密封时,机械密封安装在填料空腔,无需填料,填料压盖换成机械密封压盖,其余结构相同。轴承由圆螺母固定在轴上。

在端盖上安装有圆盘,圆盘上设有吸、排气孔和橡皮球阀,如图 4.5 所示。橡皮球阀的作用是当叶轮叶片间的气体压力达到排气压力时,在排气口以前就将气体排出,减少了因气体压力过大而消耗的功率,从而降低了功率消耗。

SK 系列水环真空泵系统由真空泵、联轴器、电动机、气水分离器及管路组成,如图 4.6 所示。真空泵与气水分离器的工作过程如下:气体由管路经阀门进入真空泵,然后经导气弯管排入气水分离器中,经气水分离器将气水分离后,气体经排气管、阀门排出,输送到需要气体的系统去,而水则留在气水分离器中。为使气水分离器的水位保持一定而装有自动溢水开关,当水位高于所要求水位时,溢水开关打开,水从溢水管溢出;当水位低于要求水位时,溢水开关关闭,气水分离器中水位上升,达到所要求水位,真空泵内的工作水是由气水分离器供给(也可用自来水)的,供水量的大小直接影响真空泵的性能,因此可由供水管上的阀门来调整。

2.设备安装

1)泵和电机的安装

真空泵和压缩机在安装前,先用手转动一下联轴器,以检查泵内是否有卡阻及其他损坏现象。整套设备运抵安装地点时,包装已损坏或在存放时受潮湿,以及泵在出厂后六个月进行安

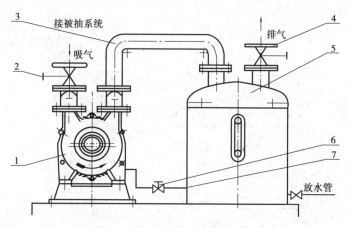

图4.6　SK系列水环真空泵系统

1—水环真空泵;2—进气阀;3—排气管;4—排气阀;5—气水分离器;6—供水阀;7—水管;8—放水管

装使用时,应在安装前全部拆开检查修理。如果真空泵或压缩机运转正常,将泵安装在泵座上。电动机固定在泵座上以前,应校正电动机轴与泵轴的同心度,因为电动机与泵轴即使是极小的倾斜也会引起轴承发热和零件的严重磨损等后果,检查的方法如图4.7所示。将直尺平行放在联轴器上,在整个圆周的任何位置都与联轴器圆周密合没有间隙,且联轴器的轴向间隙都相等时,则达到了所要求的同心度。

2)气水分离器的安装

气水分离器根据外形图安装在地基上。若有必要改变安装位置时,应注意分离器与泵的连接管路不得过长,转弯不得过急,否则气水混合物在管路中流动损失必将增加,增大了排气阻力,会因此降低流量和真空度,增加功率消耗。气水分离器的进气口法兰与泵排气口法兰之间由弯管连接,气水分离器底部,有一管路与泵相连,由此供给泵正常工作所需水量,供水量大小由管路上的

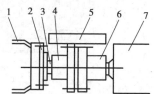

图4.7　电动机轴与泵轴的同心度的检查方法
1—真空泵轴承架;2—轴承压盖;3—泵轴;
4—轴联轴器;5—直尺;6—电动机联轴器;
7—电动机

阀门调节,气水分离器另有一管路,管路上装阀门,消耗的工作水由此补充。

3)泵与气水分离器间的管路安装

真空泵的排气管与气水分离器的进气管相连,当作为压缩机使用时,气水分离器的排气管与利用压缩气体的系统相连,一般情况下,要求管路不得过长,转弯不得过急。当作真空泵用时,气体由气水分离器的排气口排至大气,若为改善工作环境,可将气体通过管路排至工作地点以外。

管路法兰盘连接处,应用垫片使其可靠密合,尤其是泵的进气管路稍有不严密之处,就不能达到预定的真空度。

真空泵或压缩机的进气管上应装有闸阀,以便在停车时,先行关闭,防止真空泵或压缩机内的水在排气管方面的压力作用下返回系统。为方便工作,最好在进气口与阀门之间安装一只真空表,以便随时检查真空的工作情况是否正常。另外注意:管路应加装网式过滤装置(其孔径不大于0.5 mm),防止杂物进入泵内,对泵产生损坏。

3.SK 系列水环真空泵的安装尺寸

SK系列水环真空泵的安装尺寸如图4.8所示。其具体数据可参见说明书。

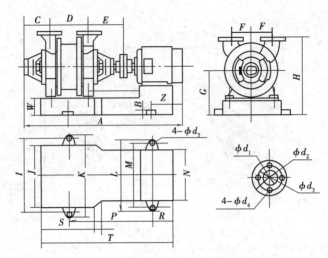

SK—1.5，SK—3外形及安装尺寸

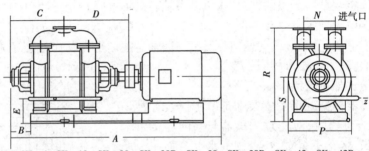

SK—6，SK—12，SK—20，SK—20B，SK—30，SK—30B，SK—42，SK—42B
真空泵及压缩机外形及安装尺寸

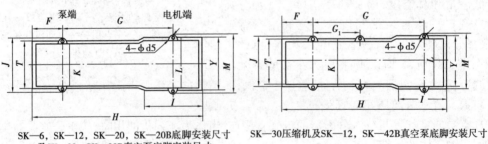

SK—6，SK—12，SK—20，SK—20B底脚安装尺寸
及SK—30，SK—30B真空泵底脚安装尺寸

SK—30压缩机及SK—12，SK—42B真空泵底脚安装尺寸

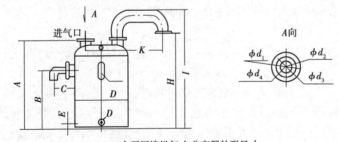

SK—6，SK—12，SK—30水环压缩机气水分离器外形尺寸

图4.8　SK系列水环真空泵的安装尺寸

（二）SZ 系列水环泵

1. SZ 系列水环泵结构

SZ 系列泵有 SZ—1，SZ—2，SZ—3 及 SZ—4 四种规格，泵所形成的最大真空度分别在 86% ~95%。SZ—1 及 SZ—2 所能形成的最大排气压力 0.1 ~0.14 MPa，SZ—3 及 SZ—4 在所配电动机功率容许下的最大压力为 0.15 MPa，若增加电动机功率，最大排气压力可达 0.2 MPa。（泵型号意义如下：S—水环式、Z—真空泵、1—泵的序号）。

该系列泵的结构如图 4.9、图 4.10、4.11 所示。

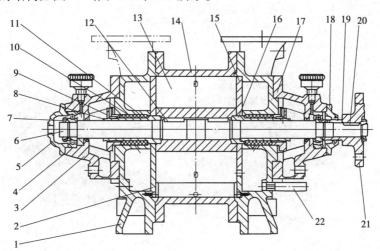

图 4.9　SZ—1，SZ—2 型水环泵结构图

1—前、后泵盖；2，15—前、后圆盘；3，17—轴承架；4—轴承；

5，18—轴承端盖；6—泵轴；7—圆螺母；8，16—轴套；9—填料压盖；

10—水封环；11—填料；12—平键；13—叶轮；14—泵体；

19—定位圈；20—键；21—联轴器；22—进水管

泵由泵体及两个泵盖组成，泵盖下部有泵脚支撑，上部有进气管和排气管，这两个管子通过侧盖上的吸气孔及排气孔与泵腔相连，泵盖上的进气管及排气管和圆盘上的吸气孔及排气孔相通，轴偏心地安装在泵体中，叶轮用键固定于轴上。叶轮与圆盘之间的间隙，用泵体和泵盖间的垫片来调整总间隙，用轴套推动叶轮，从而调整叶轮两端的间隙。此间隙决定气体在泵

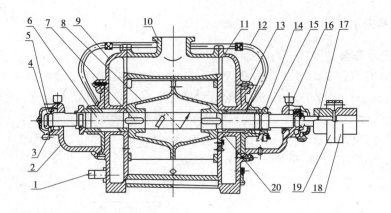

图4.10　SZ—3,SZ—4型水环式真空泵结构图

1—进水管；2—轴承架；3—滚珠轴承；4—圆螺母；5—轴承盖；6—泵轴；7—键；8—叶轮；

9—后盖；10—泵体；11—前盖；12—水封管；13—填料函架；14—填料函压盖；

15—轴套螺母；16—油杯；17—平键；18—电机联轴器；19—泵联轴器；20—轴套

内由进气口至排气口流动中损失的大小。

2. 真空泵与气水分离器的工作过程

真空泵与气水分离器的工作过程如图4.12所示。气体由管路4经阀门3进入水环泵1，然后经导气弯管7进入气水分离器9中，带水的气体在气水分离器中分离开后，气体经阀门8送到需要的地方去，而水则留在水箱内。为了使箱内的水位保持一定，箱内设有自动浮子开关10，当水位升高时浮子升起放水阀11被打开，水就从放水阀流出，当水位降低时浮子下落，放水阀被关死，这样箱内的水便能保持着需要的水位。水环泵的用水是由水箱供给的，供水量的大小靠连通管13上的阀门14调节。水由泵出来到水箱内，再由水箱回到泵内，循环次数多了便会发热，尤其是压缩气体时发热更快，这样就需要由管12向箱内注入冷水。当排气量超出需要时可将阀门5打开进行调节，此时排气经旁通管6返回泵吸气口。

抽气设备与压气设备的区别仅在于气水分离器的构造有所不同，在第一种情况下，气水分离器中的压力等于大气压，在第二种情况下则等于排气压力，故多余的水通过浮子调整器从气水分离内放走。

3. SZ系列水环泵的安装尺寸

SZ系列水环泵的安装尺寸如图4.13、图4.14所示，其具体数据参见说明书。

158

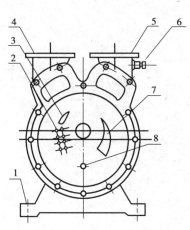

图 4.11　泵盖及圆盘结构

1—泵脚;2—橡胶球阀;3—排气孔;4—排气口;
5—吸气口;6—真空度调节阀;7—吸气孔;8—进水孔

图 4.12　真空泵与气水分离器的工作过程

1—真空泵;2—真空度调节阀;3—进气阀;4—进气管;
5—调节阀;6—旁通管;7—导气弯管;8—排气阀;
9—气水分离器;10—浮子开关;11—放水阀;12—注水管

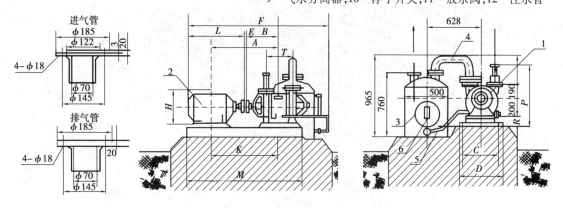

图 4.13　SZ—1,SZ—2 型水环泵安装图

1—水环泵;2—电动机;3—气水分离器;4—连接气管;5—连接水管;6—液位计

(三)SZB 型系列泵结构

SZB 型泵结构如图 4.15 所示,工作腔由泵盖 1、泵体 5 构成,泵体 5 上有进排气口连接法兰 6,下有放水螺塞 15(见图 4.17),泵盖上有指示旋转方向的箭头,泵体内装有填料函 4 和填料压盖 8,内装填料 7 密封,泵体侧面的螺丝孔 16(见图 4.17)用来补充水环用水。

叶轮 2 由铸铁制成,有 12 个叶片呈放射状均匀分布,叶轮上有平衡孔(其中两个攻有螺纹供拆卸用)平衡轴向力。叶轮用平键 3 与轴 12 连接并可沿轴向滑动调节间隙。轴为优质钢制成,支承在托架 11 内的两个滚珠轴承 10 上,右端有弹性联轴器 14 和电机直接连接。托架 11 用铸铁制成,有止口保证与泵体准确连接。两轴承间有空腔,可储存润滑油,润滑油通过托架上的注油孔注入,用润滑油或润滑脂(黄油)润滑均可。

从电动机方向看,泵轴为逆时针方向旋转(右边法兰为排气口,左边法兰为进气口)。

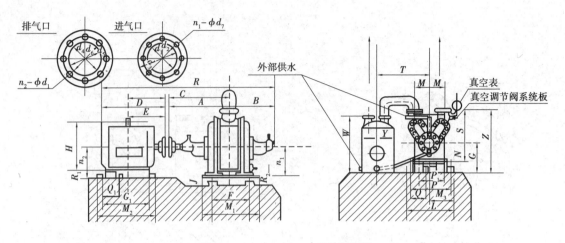

图 4.14 SZ—3,SZ—4 型泵安装图

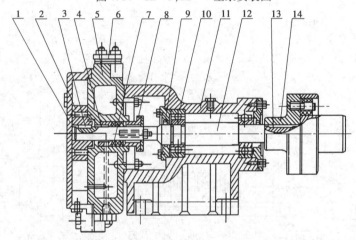

图 4.15 SZB 型系列水环泵结构

1—泵盖;2—叶轮;3—键;4—填料函;5—泵体;6—连接法兰;7—填料;
8—填料压盖;9—轴承压盖;10—轴承;11—托架;12—轴;13—键;14—联轴器

SZB 型水环泵与气水分离器的连接情况如图 4.16 所示。

SZB 型水环泵的安装尺寸如图 4.17 所示,其具体数据参见说明书。

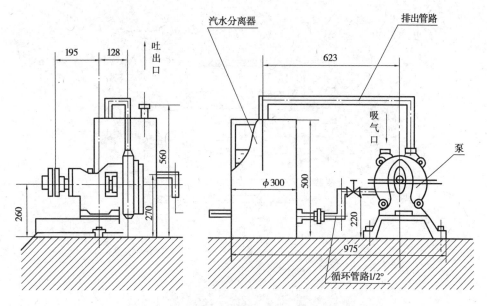

图4.16　SZB型水环泵与汽水分离器的连接情况

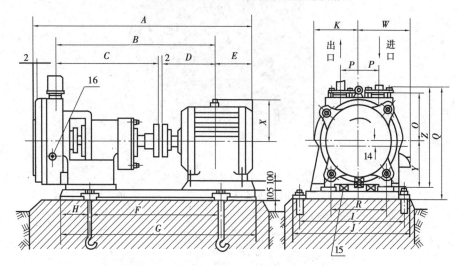

图4.17　SZB型水环泵的安装尺寸

(四)2BE型系列泵结构

1.2BE型系列泵结构

该系列泵采用两侧吸、排气单级作用的对称结构形式,由泵体、叶轮、前后端盖、前后分配器、轴、前后轴承部件、阀板部件等组成。如图4.18、图4.19所示。轴偏心地安装在泵体中,叶轮与轴为过盈配合,泵两端面的总间隙由泵体和分配器之间的垫来调整,在装配时由前端定位来首先确定单面间隙,叶轮与分配器端面间隙的大小对气体的泄漏(排气腔向吸气腔的泄漏)有较大的影响,因而装配必须予以保证,对于叶轮直径大于500 mm的泵,单面间隙应控制在0.25~0.35 mm,两端总间隙为0.5~0.7 mm。

填料装在两端盖内,密封液经由端盖中的孔进入填料室,以冷却填料及加强密封效果。当

161

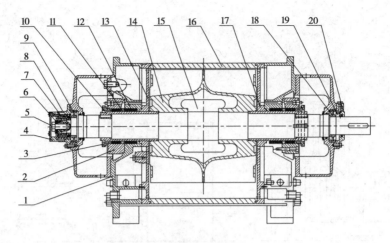

图 4.18   2BE 型系列水环泵结构

1—泵盖;2—填料函;3—填料压盖;4—轴承架;5—轴承盖;6,19—圆螺母;

7,18—轴承;8—油杯;9,20—轴承压盖;10—轴套;11—填料隔圈;

12—填料;13—后分配板;14—叶轮;15—轴;16—泵体;17—前分配板;

图 4.19   2BE 型系列水环泵结构分解图

采用机械密封时,机械密封安装在填料室腔内,填料压盖换成机械密封压盖。

在前后分配器上均设有吸排气月牙形孔和椭圆形排气孔,并安装有阀板部件,阀板的作用是当叶轮叶片间的气体压力达到排气压力时,在月牙排气口以前就将气体排出,减少了因气体压力过大而加大功率的消耗。

由于该类泵的轴与叶轮孔采用了热装过盈配合,因而具有相当高的可靠性。采用了焊接叶轮,轮毂与叶片全部加工,从根本上解决了动平衡问题,运转平衡、低噪音。

叶片采用钢板一次冲压成形,型线较好。焊接叶轮整体进行热处理,叶片具有良好的韧性,其抗冲击、抗弯折能力得以根本保证,适应冲击载荷。

由于在泵的两端盖上设置了检查孔(拆下压板即可),因而可方便地查看内部结构或间隙,并可快速而方便地更换排气口阀板。此外,填料的更换也可在不拆泵盖的情况下进行,十分方便。

该系列水环泵采用了系统优化设计,分配板、叶轮等主要部件设计结构合理,效率较高,另外,该类水环泵都采用了柔性排气阀设计,避免了气体压缩过程中的过压缩,通过自动调节排气口面积而降低能量消耗,从而达到最佳运行效率。

2.2BE 型系列水环泵的安装

2BE 型系列水环泵与气水分离器组成的抽真空系统如图 4.20 所示。

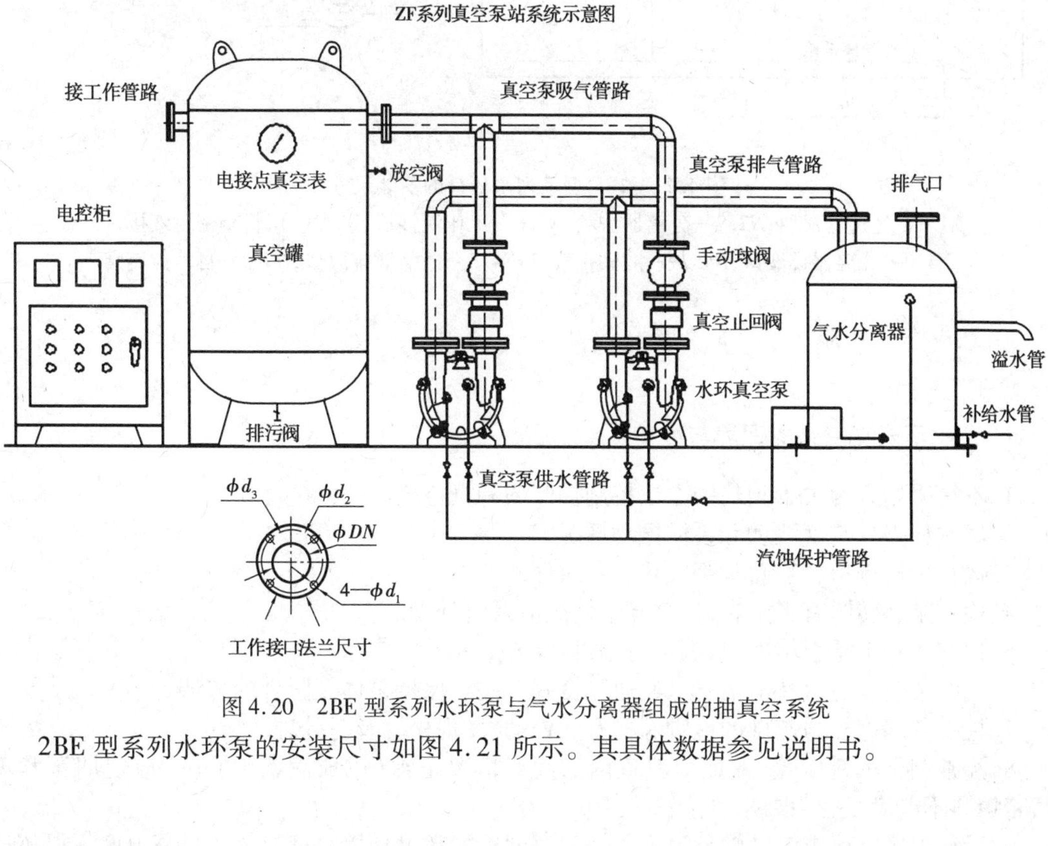

图 4.20 2BE 型系列水环泵与气水分离器组成的抽真空系统

2BE 型系列水环泵的安装尺寸如图 4.21 所示。其具体数据参见说明书。

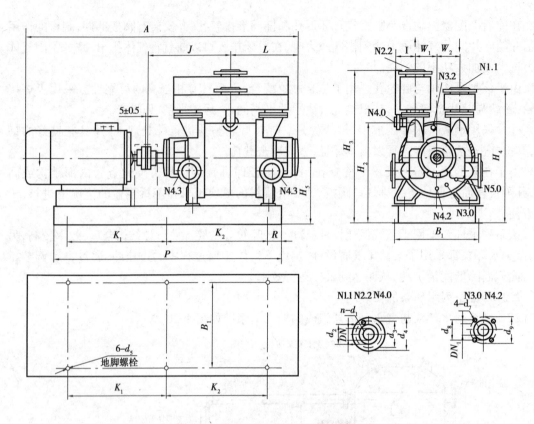

图 4.21　2BE 型系列水环泵的安装尺寸

N1.1—连通管法兰；N2.2—分离器法兰；N3.0—工作液接口；N3.2—填料涵密封液接口；

N4.0—分离器排液口；N4.2—冲洗、排液口；N4.3—遗漏液排放口；N5.0—自动溢流阀

 **任务实施**

（一）水环式真空泵的保养与维护

1. 不得采用人为关小阀门的方法控制抽气率和真空度。

2. 经常检查真空度波动和泵体振动情况。

3. 运行中检查填料箱盒是否发热并及时处理。

4. 检查泵运转时有无杂音，发现异常情况应及时处理。

5. 检查冷却水是否堵塞，水温不得超过 40 ℃。

6. 真空泵安装处保持清洁、干燥、通风良好。注意保持泵体及附件的整洁。

7. 检查各部螺栓与基础的地脚螺栓有无松动，发现松动及时处理。

8. 经常调整填料压盖，保证填料室内的滴漏情况正常（以成滴漏为宜）。应定期压紧填料，若填料不能满足密封要求，应及时更换。

9. 运行中经常检查滚动轴承温度。轴承温度不能超过环境温度 35 ℃，最高温度不得超过 80 ℃，滚动轴承应润滑良好。

10. 定期检查轴套的磨损情况，磨损较大后应及时更换。

11. 正常工作时轴承每年装油 3 ~ 4 次，每年至少清洗轴承一次，并全部更换润滑油。真空

泵在工作第一个月内,每100小时更换润滑油一次,以后每500小时换油一次。

12.真空泵在寒冬季节使用时,停车后,需将泵体下部放水螺塞拧开将介质放净,防止冻裂。若真空泵长期停用,需将泵全部拆开,擦干水分,将转动部位及结合处涂以油脂装好,妥善保存。

(二)水环式真空泵的检修内容

1.小修

小修的内容如下:

1)检查,紧固各连接螺栓。

2)检查密封装置,压紧或更换填料。

3)检查更换润滑油(脂)。

4)检查更换轴承,调整间隙和调校联轴器同轴度或皮带轮。

5)检查、修理或更换易损件。

6)检查,补充或更换循环水。

2.大修

大修除包括小修内容外,还包括以下内容。

1)解体检查各零件磨损、腐蚀和冲蚀程度,必要时进行修理或更换。

2)检查泵轴,校验轴的直线度,必要时予以更换。

3)检查叶轮、叶片的磨损、冲蚀程度,必要时测定叶轮平衡,检修或更换叶轮轴套。

4)检查、调整叶轮两端与两侧压盖的间隙。

5)测量并调整泵体水平度。

6)按规定检查校验真空表。

7)清洗循环水系统。

8)检查泵体、端盖、隔板的磨损情况,调整、修理或更换。

9)机器表面做除锈、防腐处理。

(三)水环式真空泵的故障分析处理

水环式真空泵的故障分析处理见表4.5。

表4.5 水环真空泵的常见故障与解决方法

故障现象	故障原因	解决方法
抽气量不足	1.间隙过大 2.填料处漏气 3.水环温度高 4.管道系统漏气 5.进气管道流阻过大	1.调整间隙 2.压紧或更换填料 3.增加供水量,降低供水温度 4.拧紧法兰螺栓,更换垫片 5.减少弯头数量,更换粗管路
真空度降低	1.管道系统方面有漏点 2.填料漏气 3.间隙过大 4.水环发热 5.水量不足 6.零件摩擦发热造成水环温度升高	1.清除漏点 2.压紧或更换填料 3.调整间隙 4.降低供水温度 5.增加供水量 6.调整或重新安装

续表

故障现象	故障原因	解决方法
振动并有响声	1. 地脚螺栓松动 2. 泵内有异物研磨 3. 汽蚀 4. 叶轮脱落	1. 拧紧地脚螺栓 2. 停泵检查取出异物 3. 打开汽蚀保护管道阀门 4. 更换叶轮
轴承发热	1. 润滑油不足 2. 填料压得过紧 3. 密封水供应不足 4. 轴承与轴承架配合过紧 5. 轴承损坏	1. 检查润滑情况,加油 2. 适当松开填料压盖 3. 供给密封水/加量 4. 调整轴承与轴承架的配合 5. 更换轴承
启动困难	1. 长期停机后泵内生锈 2. 填料过紧 3. 叶轮和泵体之间产生偏磨	1. 用手或工具转动叶轮数次 2. 放松填料压盖 3. 调整或重新安装
机械密封漏水	1. 机械密封损坏 2. 机械密封弹簧松动 3. O形密封圈损坏	1. 更换机械密封 2. 调整机械密封弹簧弹力 3. 更换O形密封圈
闷车	1. 叶轮轴向窜动 2. 有异物进入叶轮端面导致卡死	1. 重新紧固叶轮 2. 清理异物
电机不启动、无声音	1. 电源断线 2. 熔断器熔断	1. 检查接线 2. 检查熔断器并更换
电机不启动、有嗡嗡声	1. 一根接线断 2. 电机转子堵转 3. 叶轮故障 4. 电机轴承故障	1. 检查接线 2. 必要时将泵排空并清洁 3. 修正叶轮间隙或换叶轮 4. 换轴承
电机开动时,电流断路器跳闸	1. 绕组短路 2. 电机过载 3. 排气压力过高 4. 工作液过多	1. 检查电机绕组 2. 降低工作液流量 3. 降低排气压力 4. 减少工作液
消耗功率过高	产生沉淀	清洁、除掉沉淀
泵不产生真空	1. 无工作液 2. 系统泄漏严重 3. 旋转方向错误	1. 检查工作液 2. 修复泄漏处 3. 更换两根导线改变旋转方向

续表

故障现象	故障原因	解决方法
真空度太低	1. 泵太小 2. 工作液流量太小 3. 工作液温度过高 4. 零件磨蚀 5. 系统轻度泄漏 6. 密封泄漏	1. 用大一点的泵 2. 加大工作液流量 3. 冷却工作液，加大流量 4. 更换零件 5. 修复泄漏处 6. 检查密封
尖锐噪声	1. 产生汽蚀 2. 工作液流量过高	1. 打开汽蚀保护管路阀门 2. 检查工作液，降低流量
泵泄漏	密封垫损坏	检查所有密封面

 任务考评

任务考评的内容及评分标准见表4.6。

表4.6　任务考评的内容及评分标准

序号	考评内容	考评项目	配分	评分标准	得分
1	常用的几种水环式真空泵的结构	常用的几种水环式真空泵的结构	20	错一项扣5分	
2	水环式真空泵的安装、与气水分离器的连接	水环式真空泵的安装、与气水分离器的连接	20	错一项扣5分	
3	水环式真空泵的日常维护	日常维护的内容	20	错一项扣5分	
4	水环式真空泵的故障分析	故障分析及处理	40	错一项扣5分	
合计					

1. 常用的水环式真空泵有哪几种型号？其结构如何？
2. 水环式真空泵与电动机、气水分离器、管道等如何连接？
3. 水环式真空泵的日常维护有哪些内容？
4. 水环式真空泵的常见故障有哪些？如何分析处理？

任务三　矿用移动式瓦斯抽放泵站的操作与维护

知识点：
◆瓦斯抽放泵站的组成及工作原理
◆瓦斯抽放泵站的操作方法
◆瓦斯抽放泵站的日常维护
技能点：
◆瓦斯抽放泵站的故障分析与处理

 任务描述

前面我们学习了水环式真空泵,知道了水环式真空泵主要用于工业生产中抽取真空,在煤矿生产中主要用于抽放瓦斯,降低瓦斯的浓度和压力,防止瓦斯突出和瓦斯爆炸。目前这一方法已在我国煤矿普遍使用,并取得了很好的效果。瓦斯抽放系统的组成在上一任务中已做了介绍,它主要由水环式真空泵、管路、气水分离器、电气拖动控制部分以及监测控制部分组成。大多数煤矿都把抽放泵站设在地面,这样就使得管路距离长,沿程阻力大,需要的真空度也大,选择水环式真空泵的难度增大,甚至选不到能够适用的泵。为了解决这一问题,矿用移动式瓦斯抽放泵站就应运而生,并迅速得到普及。本任务就是要学习掌握矿用移动式瓦斯抽放泵站的使用与维护,以保证其安全、正常、高效地运转。

 任务分析

(一)ZWY 型矿用移动式瓦斯抽放泵站的组成及工作原理

ZWY 型矿用移动式瓦斯抽放泵站(以下简称抽放泵站)是中、小型矿井井下和地面瓦斯抽放的主要设备,也是大型地面抽放系统的井下辅助抽放设备。可用于井下本煤层、邻近层、采空区及地面钻孔等各种场合的瓦斯抽放。符合矿用防爆电气设备制造的有关规程要求。具有结构合理、可移动、易安设、易操作、运行安全可靠等特点,具有环境瓦斯浓度监测及超限报警断电功能、缺水断电保护功能。可通过孔板流量计测定、计算瓦斯抽放量。

1.抽放泵站的组成

抽放泵站主要由水环真空泵、防爆电动机、气水分离消音器、孔板流量计、甲烷传感器、煤矿用固定式甲烷断电仪、矿用电磁启动器及抽放泵站车架、外壳、连接插销等部分组成。如图4.22 所示。

2.工作原理

抽放泵站由防爆电动机带动水环真空泵叶轮转动,进行吸、排气,达到抽放瓦斯目的。抽出的瓦斯经排气系统排入回风巷道或送至矿井抽放系统的管道内送到井上以供利用。

孔板流量计测定并计算得出瓦斯抽放量;甲烷传感器监测环境瓦斯浓度,煤矿用固定式甲

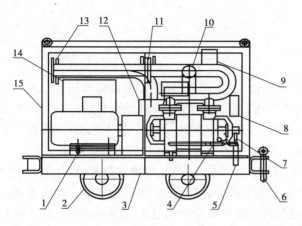

图 4.22 ZWY 型矿用移动式瓦斯抽放泵站组成

1—隔爆电动机;2—轮对;3—车架;4—水环真空泵;5—进水管接头;
6—连接插销;7—真空泵缺水信号开关;8—甲烷断电仪;9—甲烷传感器;
10—进气管;11—孔板流量计;12—气水分离消音器;13—排气管;
14—矿用电磁启动器;15—外壳

烷断电仪实现抽放泵站的环境瓦斯浓度超限时断电,通过真空泵缺水信号监测水环真空泵的供水情况,当供水量小于规定水量时自动切断电动机电源,以保护水环真空泵。抽放泵站的供水为井下清洁水。

(二)抽放泵站的性能参数

抽放泵站的性能参数见表4.7。

表 4.7 抽放泵站性能参数表

性能参数 型号	额定抽气量 /($m^3 \cdot min^{-1}$)	真空度 /MPa	供水压力 /MPa	耗水量 /($L \cdot min^{-1}$)	电机功率 /kW	电压 /V	转速 /($r \cdot min^{-1}$)
ZWY—5/11	5	3.3×10^{-3}	$(0.5 \sim 1.0) \times 10^{-2}$	$17 \sim 30$	11	380/660	1 450
ZWY—7/15	7	3.3×10^{-3}	$(0.5 \sim 1.0) \times 10^{-2}$	$17 \sim 30$	15	380/660	1 450
ZWY—10/18.5	10	3.3×10^{-3}	$(0.5 \sim 1.0) \times 10^{-2}$	$17 \sim 30$	18.5	380/660	1 450
ZWY—15/30	15	3.3×10^{-3}	$(0.5 \sim 1.0) \times 10^{-2}$	$17 \sim 30$	30	380/660	730
ZWY—20/37	20	3.3×10^{-3}	$(0.5 \sim 1.0) \times 10^{-2}$	$24 \sim 45$	37	380/660	980
ZWY—25/45	25	3.3×10^{-3}	$(0.5 \sim 1.0) \times 10^{-2}$	$35 \sim 60$	45	380/660	740
ZWY—30/45	30	3.3×10^{-3}	$(0.5 \sim 1.0) \times 10^{-2}$	$35 \sim 60$	45	380/660	590
ZWY—40/75	40	3.3×10^{-3}	$(0.5 \sim 1.0) \times 10^{-2}$	$40 \sim 60$	75	380/660	740
ZWY—50/75	50	3.3×10^{-3}	$(0.5 \sim 1.0) \times 10^{-2}$	$40 \sim 65$	75	380/660	590
ZWY—60/110	60	3.3×10^{-3}	$(0.5 \sim 1.0) \times 10^{-2}$	75	110	380/660	740

相关知识

瓦斯检测仪的工作原理

瓦斯检测仪主要完成模拟量采集、输出制式信号、显示、报警和断电输出的功能。瓦斯检测仪功能框图如图4.23所示。瓦斯传感器(气体探头、敏感元件)将检测到的瓦斯气体浓度信号转换成电信号,经加热/采样电桥输出。单片机采集到加热/采样电桥上的模拟量,经过数据运算与处理后,在三位数码管LED上显示瓦斯气体浓度,并将采集到的模拟量浓度值与EEPROM中的设定值进行比较,如果超过规定上限值,即启动声光报警电路,并通过隔离电路输出断电控制信号。通信电路可以与分站进行数字通信,进行检测数据的传输。输出制式信号电路能根据用户的不同需求,输出各种制式的标准和非标准的电流或频率信号。红外接收电路通过红外遥控完成传感器的标定和调试,使操作方便可靠。

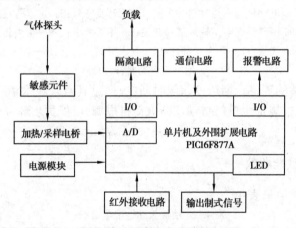

图4.23 瓦斯检测仪功能框图

任务实施

(一)ZWY型矿用移动式瓦斯抽放泵站的操作方法

抽放泵站的安设、使用等必须遵守《煤矿安全规程》和《矿井瓦斯抽放管理规范》的有关规定。整套设备运至使用地点,并将其固定。连接好抽放管路及进水管路,安装好监测控制系统,将电源接至电磁启动器,经检查正确无误后方可进行操作。在每一次使用前,均应检查电动机、各检测器件及电源线、信号电缆、水环泵等的完好状况,如有损坏,必须更换后才能投入使用。否则,可能导致危险。

1.启动

启动前应进行下列内容的检查:

1)检查电动机轴与水环真空泵轴的同轴度,确定符合安装要求;

2)用手转动联轴器,看转子转动是否灵活,有无卡阻或摩擦现象;

3)检查各部分螺栓是否有松动现象;

4)检查轴承的润滑脂是否充足;

5)从进水管注入清水,冲洗 5 分钟,同时用手转动转子,然后放出污水;

6)向泵腔内和填料处注入压力约为 78 ~ 140 kPa 的清水,注入时间约为 30 s;

7)检查、调整填料的松紧程度,以密封水成滴状滴下为宜;

8)将煤矿用固定式甲烷断电仪开启,甲烷传感器开始工作,检查瓦斯浓度是否超限;

9)打开进气阀门,启动电磁启动器,试验运转约 1 分钟,检查电动机的转向与水环泵的转向是否一致,如一致可继续运转,如相反,则立即停机,检查电源连接。

2. 运转

正常启动后,在规定转速下,在工作范围内进行运转试验,时间≥30 min。试运转时,检查轴封和连接部位的密封性,一切正常后,方可投入工作运转。在泵运转中,应连续不断地向泵腔供水。泵运转过程中,应随时检查泵运转声音是否异常,是否有异常振动。如有应立即停机检查。

泵在运转中,通过孔板流量计对瓦斯抽放量进行监测;由甲烷传感器对环境瓦斯浓度进行监测;通过缺水信号开关对供水状态进行监测。

3. 停车

在正常停车时应按以下程序操作:

1)关闭进气管路上的阀门;

2)关闭电动机;

3)关闭供水管路;

4)打开气水分离消音器放水管阀门将水放掉;

5)长时间停车应关闭监测系统。短时间停车,可不停止监测系统工作。

注意:当环境瓦斯浓度超限时,甲烷传感器发出断电信号,断电仪将电磁启动器断电,强行切断电动机电源,水环真空泵停止工作。抽放泵站自动停机后,必须按《煤矿安全规程》的规定进行处理后方可再开机。否则,由于环境瓦斯浓度超限,有导致爆炸的危险。

4. 移动

抽放完成后,整套设备由电动机车牵引,运至地面检修或运至新的抽放地点使用,运移中应注意以下事项:

1)运移前应将有关管线拆除,并将电源线、信号线、电缆、水管,消音器联结管在抽放泵站内适当位置固定;

2)检查传感器、连接螺栓固定是否牢固,不允许有否松动现象,如有,应进行紧固;

3)外壳所有门均应锁紧;

4)进、出气管口用法兰盘盖盖上;

5)运移时,挂在整列车尾部或单车运输,以免损伤。

6)在运移中应注意防止剧烈碰撞,并防水、防潮。

(二)日常维护保养

日常维护保养内容如下:

1. 泵的维护保养

1)泵在装配前,与水接触的非加工表面应涂防锈漆,与水接触的加工表面应涂防锈油脂;

2)泵储存时,吸入口和排出口用法兰盘盖盖住;

3)泵若较长时间不用,应经常转动联轴器,以防生锈;

4)每天24小时工作的泵,每隔15天应停机一次,用水冲洗泵内各种脏物;

5)定期检查外部零件的完好情况,如密封及填料情况,各种紧固件的紧固情况,联轴器弹性块的弹性情况等;

6)供水水质应无腐蚀,不结垢。如要循环使用,应加冷却装置;

7)每运转2 000小时,更换一次轴承内的润滑脂。每年至少清洗轴承一次,并将润滑油全部更换,注入润滑脂量充填轴承内空间的2/3 即可,不宜过多;

8)泵运行一年后,应将泵全部拆开检查。重点检查叶轮、侧盖、气体分配器是否有损伤痕迹,各种配合间隙(特别是叶轮与侧盖间的轴向间隙,叶轮外径和泵体内径间的径向间隙)是否正常,轴承磨损情况等。如有不正常之处,应及时修复或更换。

2.监测系统维修与保养

1)监测系统应防尘、防水,并定期检查,在井下要绝对避免水直接淋在监测系统的各部件上;

2)各种信号线、电缆应妥善安装、固定以免损伤;

3)定期检查各检测器件的紧固情况,如有松动,应将其紧固;

4)对各检测元器件定期进行检验和校核;

(三)常见故障的原因及排除方法

常见故障的原因及排除见表4.8。

表4.8 常见故障及排除方法

故障现象	产生原因	排除方法
真空度低	1.管路系统漏气(法兰连接处漏气、泵连接处漏气、泵填料处漏气) 2.管道有裂纹 3.填料松动或损坏 4.密封水管或填料环堵塞 5.供水量不足 6.水环发热	1.拧紧螺栓或更换垫圈 2.补焊或更换管道 3.压紧或更换填料 4.清理水管或填料环 5.加大供水量 6.降低水温
不正常声响	1.泵内有杂物 2.叶轮叶片破碎	1.停机清理杂物 2.更换叶轮
轴承发热	1.润滑油不足或过多 2.润滑油质量不好 3.轴承内有杂物 4.轴承安装不正确	1.调整润滑油量 2.更换润滑油 3.用煤油清洗轴承 4.重新安装轴承
气水分离效果不好	气水分离消音器内水量过多或过少	调节气水分离消音器的出水阀门

故障现象	产生原因	排除方法
填料压盖发热	1. 填料压得过紧 2. 填料压盖偏斜与轴发生摩擦 3. 填料材料、尺寸不合要求与轴摩擦系数大 4. 密封水管或填料环堵塞	1. 拧松填料盖 2. 重新安装 3. 更换填料 4. 清理水管或填料环
泵体发热	1. 供水量太小 2. 补充水温过高	1. 增加供水量 2. 降低补充水温
振 动	1. 叶轮不平衡偏差大 2. 泵联轴器与电动机联轴器间的同轴度超限 3. 联轴器部件内的弹性块损坏 4. 地脚螺栓松动 5. 轴承损坏	1. 校正平衡 2. 校正联轴器的同轴度 3. 更换弹性块 4. 拧紧地脚螺栓 5. 更换轴承
启动困难或启动电流大	1. 填料压得太紧 2. 两端轴承不同轴 3. 轴承损坏 4. 长期停机后,泵内生锈	1. 拧松填料盖 2. 重新调整或安装 3. 更换轴承 4. 用手转动叶轮数次

(四)抽气系统组装

抽放泵站在地面维修后需要重新进行安装时,可先将外壳从抽放泵站的车架上移开;在井下维修安装时,可先将抽放泵站的前后门开启,取掉门的插销,取下前后门,然后按以下步骤进行各部分的安装。

1. 车架的安装

将车架安装在车轮上,安装应保证车辆在轨道上运行自如、平稳。

2. 泵和电动机的安装

1)安装前先用手转动一下联轴器,检查泵内是否有异物卡阻或其他损坏现象。有异物卡阻则清除异物。

2)将水环真空泵安装在车架底座上。

3)将防爆电动机安装在车架底座上。安装时应使用调整垫片调整电动机的安装高度,使电动机轴和水环真空泵轴的同轴度误差不超过 0.15 mm,并使两联轴器间保持均匀的轴向间隙,间隙大小可用塞尺检查,一般为 2~4 mm。

3. 管路的安装

1)检查进气管内有无铁锈、焊渣等杂物,如有,则清除干净。

2)将孔板流量计装于进气管与真空泵的进气口之间,安装时应注意安装方向的正确性,方向不允许装反,孔板方向装反会导致所测流量不正确。

3)将过滤板安装在抽放泵站的进气口法兰上。法兰盘连接时加装橡胶垫圈以保证气密性,螺栓连接加装平面垫圈和弹簧垫圈。

4.气水分离消音器的安装

将气水分离消音器固定在车架上,并用连接管将消音器进口与水环真空泵的排气口端相连。连接时应注意在法兰盘间加装橡胶垫圈以保证管路的安装气密性,同时螺栓连接应加装平面垫圈和弹簧垫圈。

5.外壳的安装

上述安装完成后,将外壳吊装在底座上,并用螺栓连接。

6.供水管路的安装

将供水压力表、真空泵缺水信号开关安装于水环真空泵进水管路的相应螺纹座上。

7.监测控制系统的安装

1)甲烷传感器安装

如图4.22所示,将甲烷传感器吊挂安装在抽放泵站前门的挂钩上,甲烷传感器的正输入端接入D1断电仪的本质安全型电源输出(+18 V)4号接线端子,甲烷传感器的负输入端接入D1断电仪的5号接线端子,将甲烷传感器的断电输出接至DJ9G断电仪的6号接线端子。

2)断电仪安装

将DJ9G煤矿用固定式甲烷断电仪的输出端与甲烷传感器相连,其输入端的交流输入与矿用电磁启动器的AC36V输出相连,其输入端的常闭回路接至矿用电磁启动器的断电控制端。将水环真空泵缺水信号开关断电信号回路接至D1断电仪的2号及8号接线端子。

 **任务考评**

任务考评的内容及评分标准见表4.9。

表4.9　任务考评的内容及评分标准

序号	考评内容	考评项目	配分	评分标准	得分
1	抽放泵站的作用	抽放泵站的作用	10	错一项扣5分	
2	抽放泵站的组成及原理	抽放泵站的组成及原理	20	错一项扣5分	
3	抽放泵站的操作	启动前的检查、启动、停止	30	错一项扣5分	
4	抽放泵站的日常维护	日常维护的内容	20	错一项扣5分	
5	抽放泵站的故障分析	常见故障分析	20	错一项扣5分	
合计					

复习思考题

1.抽放泵站的作用是什么?

2.抽放泵站的组成及原理如何?

3.抽放泵站启动前应进行哪些检查?

4. 抽放泵站启动的操作步骤如何？

5. 抽放泵站运行时应注意观察哪些事项？

6. 抽放泵站停止的操作步骤如何？

7. 抽放泵站的日常维护有哪些内容？

8. 抽放泵站常见的故障有哪些？如何分析处理？

参考文献

[1] 谢锡纯,李晓豁. 矿山机械与设备[M]. 徐州:中国矿业大学出版社,2000.

[2] 张景松. 流体机械[M]. 徐州:中国矿业大学出版社,2001.

[3] 国家经贸委安全生产局组织. 主扇风机操作工[M]. 北京:气象出版社,2002.

[4] 郑祖斌. 通用机械设备[M]. 北京:机械工业出版社,2004.

[5] 刘捷. 流体机械[M]. 北京:煤炭工业出版社,2004.

[6] 毛君. 煤矿固定机械及运输设备[M]. 北京:煤炭工业出版社,2006.

[7] 陈刚. 螺杆压缩机内容积比调节的分析[J]. 化工生产与技术,2004,11(4):31-33.

[8] ZWY型矿用移动式瓦斯抽放泵站使用说明书.重庆平山矿山机电设备有限公司.

[9] 艾特螺杆空气压缩机用户手册.重庆超科科技有限公司.

[10] 水环真空泵使用说明书.上海奥丰泵阀制造有限公司.

[11] 河南理工大学高等职业学院流体机械精品课程 http://218.198.156.8/jpkc/jinpin_ltjx/index.html.

[12] 山西煤炭职业技术学院矿山通风精品课程 http://www.sxmtxy.edu.cn/jpkc/kjtf/Practice.asp? id=18.